U0194096

我最着迷的探索宝典

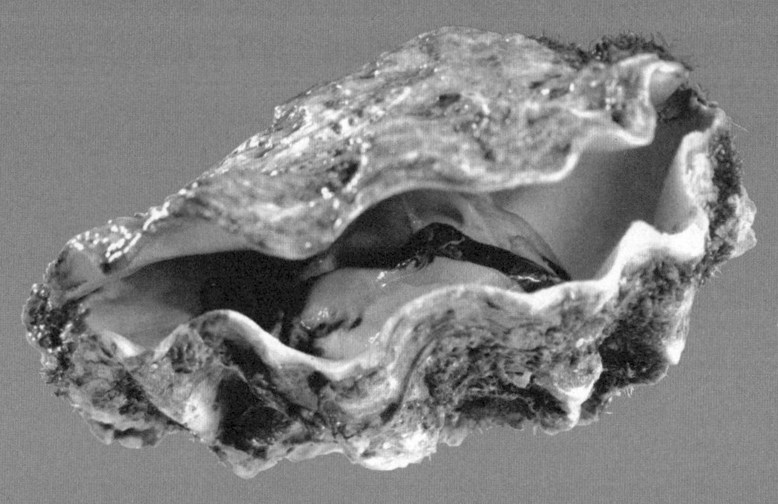

我最着迷的海洋世界探索宝典

《青少年成长智慧库》编委会　编著

天津出版传媒集团

 天津科技翻译出版有限公司

图书在版编目（CIP）数据

我最着迷的海洋世界探索宝典 /《青少年成长智慧库》编委会编著 . — 天津 : 天津科技翻译出版有限公司 ,2012.12（2021.7 重印）

（我最着迷的探索宝典）

ISBN 978-7-5433-3150-1

Ⅰ . ①我… Ⅱ . ①青… Ⅲ . ①海洋—青年读物②海洋—少年读物 Ⅳ . ① P7-49

中国版本图书馆 CIP 数据核字 (2012) 第 278445 号

出　　版: 天津科技翻译出版有限公司
出 版 人: 刘子媛
地　　址: 天津市南开区白堤路 244 号
邮　　编: 300192
电　　话:（022）87894896
传　　真:（022）87895650
网　　址: www.tsttpc.com
印　　刷: 天津画中画印刷有限公司
发　　行: 全国新华书店
版本记录: 889 × 1194　16 开本　8 印张　80 千字
2012 年 12 月第 1 版　2021 年 7 月第 2 次印刷
定　价: 36.00 元

序言

亲爱的同学们：

阅读，可以开阔视野，获取新知；阅读，可以跨越时空，纵横古今中外；阅读，还可以和圣贤对话，与经典同行。

杜甫说：“读书破万卷，下笔如有神”。的确，取得作文高分的同学都有相同的诀窍——喜欢课外阅读。因为可以从阅读中学到一些好词佳句，掌握写作技巧，积累更多的写作素材。

为此，我们精心策划了这套“小学生爱读本”丛书，让小学生们评选出自己最喜欢看的“小学生爱读本百部经典”。根据评选结果，我们邀请全国 100 位优秀小学校长和老师联合编审，本着“强大阵容打造经典精品”的宗旨，精心编纂了这套有利于小学生身心健康成长的大型丛书——中国小学生爱读本百部经典。

这套“小学生爱读本”囊括了中国小学生学习、成长、生活的各个方面，堪称国内较权威、完整的小学生家庭阅读书架。

约翰生说：“一个家庭没有书籍，等于一间屋子没有窗子。”亲爱的同学们，我们殷切地希望你们能多读书、勤读书、读好书，在读书中品味，在品味中思考，在思考中成长。我们也由衷地相信通过阅读这套“小学生爱读本”，你们必定能够吸收到书籍中珍贵的阳光雨露，为日后成长为对人类有贡献的栋梁之才打下坚实的基础。

目录

上篇：丰富多彩的海洋世界

下篇：蓝色生命圈里的秘密

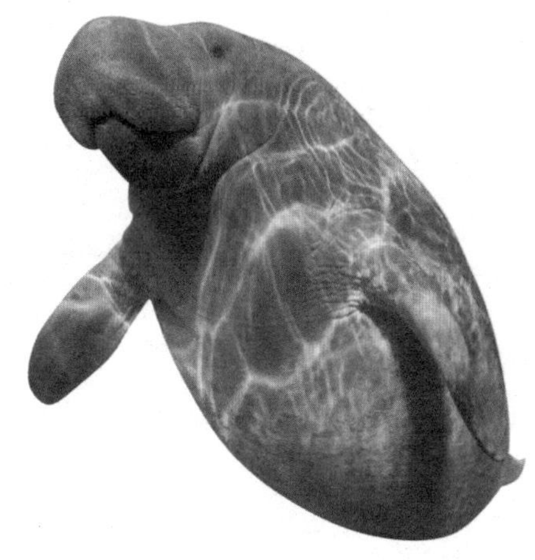

上篇

丰富多彩的海洋世界

当你乘坐轮船在大海中航行，或者到海滨旅游，极目远眺时，你可曾想过：在这深邃无垠的大洋里，到底有哪些生命活跃其中呢？这也是千百年来，一代代科学家苦苦找寻的答案。大海的神秘面纱正在现代科学的作用下，一点点被揭开。看一看，下面这些海洋动物，你认识几个？

海洋中间层生活着各种鱼类
海底高山
深海高原
生命的摇篮：海洋
深海沟

海洋上面飞翔着各种海鸟

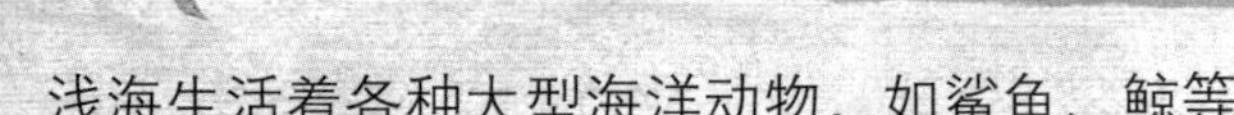

浅海生活着各种大型海洋动物，如鲨鱼、鲸等

海底生活着各种深海动物。

大陆斜坡

深海平原

原生动物

原生动物是动物界中最原始的一门，由单细胞组成。原生动物无所不在，从南极到北极，大部分地区都可发现它的踪影。但是大部分原生动物肉眼是看不到的，只能借助显微镜来观察，而且，许多原生动物与其他生物体共生。

生物“温度计”：放射虫

放射虫对水温有严格的要求，分为冷水种和热水种，它们各自生活在自己的天地里。地质学家通过对太平洋北部喀斯喀特盆地的放射虫进行研究，得出了这一地区以前曾经处于冰河时代的结论。

大海的“测深计”：介形虫

不同的介形虫生活在大海的不同深度，科学家根据这一点，就能画出一幅简单的海底地形图。而且，还能利用介形虫的遗体和化石，找出一个地方历史变迁的踪迹。

有些原生动物，如眼虫，介于动物和植物之间，它们既能进行光合作用，也能运动，而且还能像真正的动物那样进食！

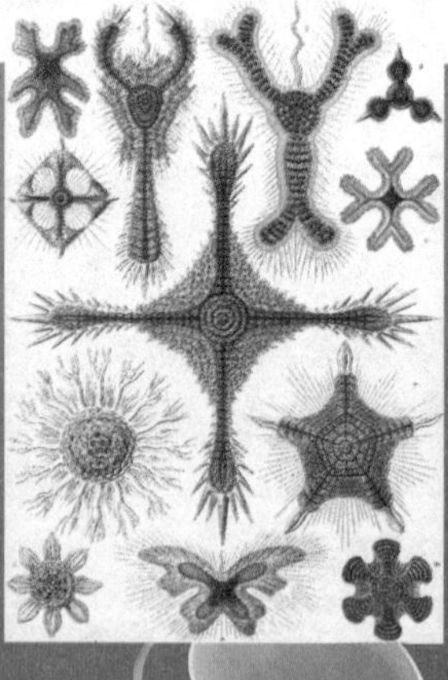

放射虫的身体呈放射状。

介形虫

地质学家的朋友：有孔虫

有孔虫由一个细胞组成，只有海边的一粒沙子那么大，但在显微镜下却形态各异。有孔虫广泛分布在世界各大洋，是个大家族，并且以每天增加两个新种的速度飞快增长。

海洋的见证人

有孔虫是一种非常古老的原生动物，它们祖祖辈辈都生活在海洋中，这一点被地质学家利用。如果地质学家想知道一个地方以前是不是有大海光临过，只要看地下有没有有孔虫就知道了。

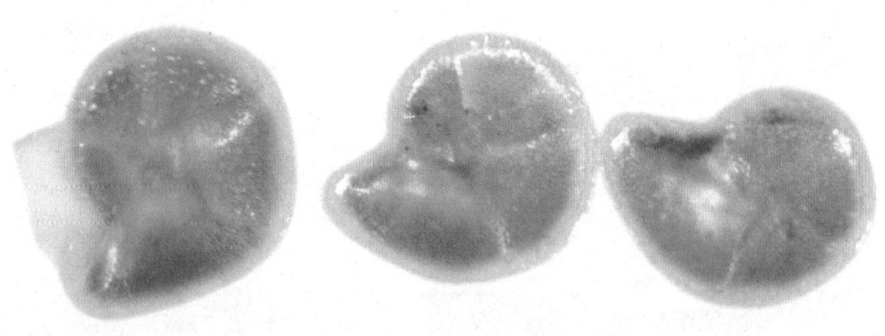

美丽而凶猛的杀手：水母

水母是一种低等的腔肠动物。

它们的身体透明，同时还有漂浮作用。它们在运动时，利用体内喷水反射前进，就好像一顶圆伞在水中迅速漂游。水母的寿命大多只有几个星期，当然也有活得更长的。

触手是水母的消化器官，也是它的武器。水母的触手上布满了刺细胞，像毒丝一样，能够射出毒液，使猎物迅速麻痹而死。水母就是靠触手来捕捉食物的。

成体

浮游幼虫

早期螅状体

碟状幼体

横裂体

螅状幼体

螅状幼体

水母的身体呈透明状，这是因为水母身体的95%以上都是水分。

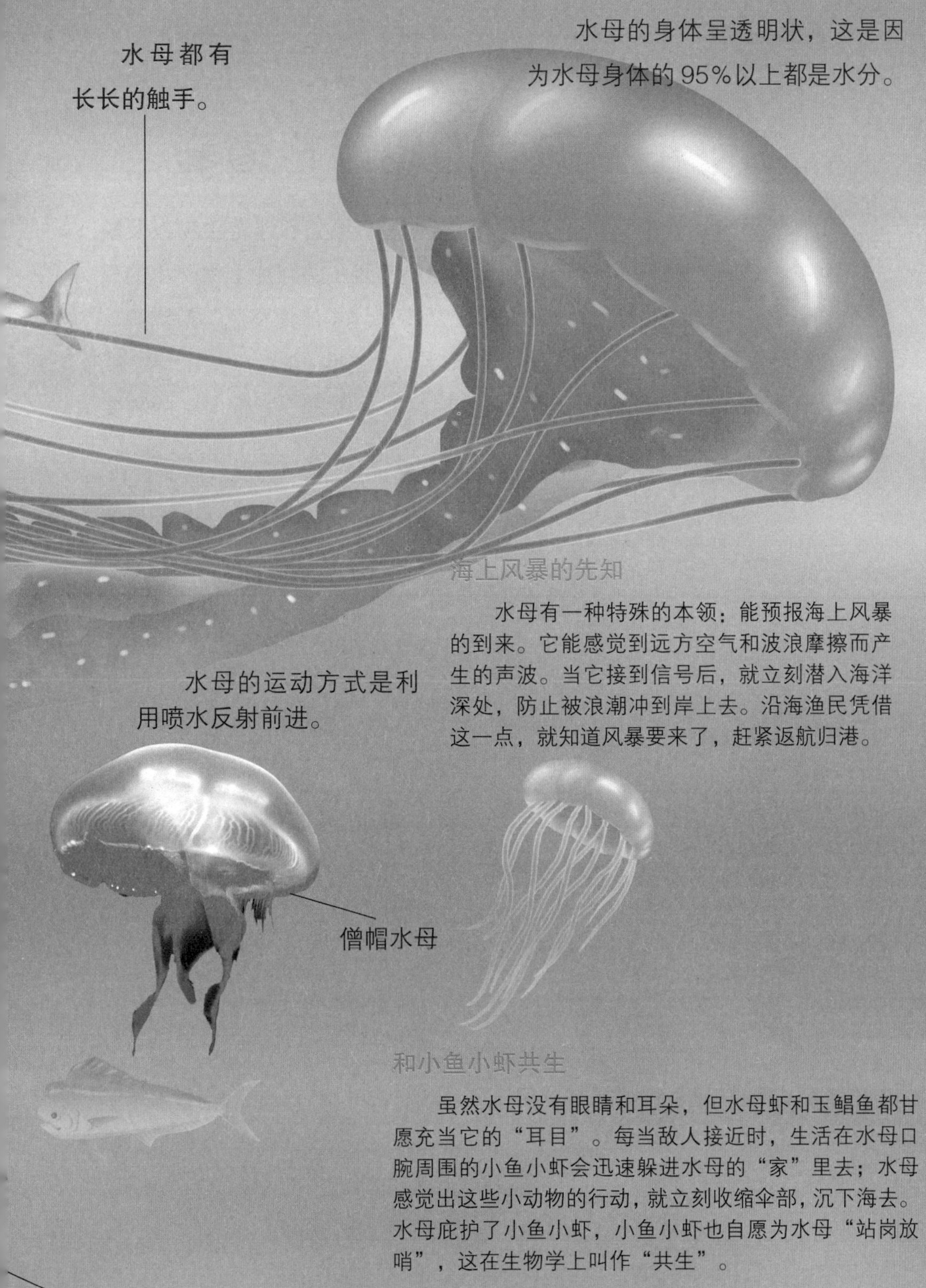

海上风暴的先知

水母有一种特殊的本领：能预报海上风暴的到来。它能感觉到远方空气和波浪摩擦而产生的声波。当它接到信号后，就立刻潜入海洋深处，防止被浪潮冲到岸上去。沿海渔民凭借这一点，就知道风暴要来了，赶紧返航归港。

和小鱼小虾共生

虽然水母没有眼睛和耳朵，但水母虾和玉鲳鱼都甘愿充当它的“耳目”。每当敌人接近时，生活在水母口腕周围的小鱼小虾会迅速躲进水母的“家”里去；水母感觉出这些小动物的行动，就立刻收缩伞部，沉下海去。水母庇护了小鱼小虾，小鱼小虾也自愿为水母“站岗放哨”，这在生物学上叫作“共生”。

貌似花朵的可怕猎手：海葵

海葵因为外表像葵花而得名，靠捕食鱼、贝壳和浮游生物以及蠕虫为生。海葵共有1000多种，栖息于世界各地的海洋中。海葵小的只有1毫米，大的有1米多。一般来说，热带海洋里的海葵色彩最漂亮，个头也最大；寒冷海洋里的海葵色彩单调，个头也小。

海葵喜独居，个体相遇常会发生冲突甚至厮杀。它们争斗的主要目的是争夺生存空间。

海葵的触手上长有无数刺细胞，能分泌毒刺丝。一些小鱼小虾一不小心碰到“花瓣”，就会被触手上的毒细胞刺得失去知觉，然后被海葵卷进口里吃掉。另外，海葵还能伸出它长长的触手“捞”海里的各种食物碎渣。

海葵的身体上端是个口盘，当中是扁平的口。

柔软而艳丽的触手是海葵用来吸引小鱼小虾的工具。

一对好朋友

海葵和寄居蟹是一对好朋友。海葵能放出花瓣——触手，捕捉小动物，既保护了寄居蟹，又给它提供了食物。寄居蟹可以带着海葵在海中旅行。你看，寄居蟹在珊瑚上爬行时还带着海葵呢！

海葵与小丑鱼

海里的鱼一般都怕海葵那无数的触手，但是小丑鱼却不怕。小丑鱼不仅对海葵的毒触手有免疫力，而且还能借助海葵的触手来保护自己。小丑鱼常把其他鱼引诱到海葵的触手边，当海葵捕获食物后，它也能分享一份。

长寿的动物

海葵堪称是世界上寿命最长的海洋动物。科学家通过放射性技术对3只从深海中采来的海葵进行测定，发现它们的年龄竟达到1500～2100岁。

最像植物的海洋动物：珊瑚虫

珊瑚虫是海洋中的一种低等动物，依靠自己的触手来捕食海洋里细小的浮游生物，并分泌出一种钙质来生出自己的骨骼。珊瑚虫身体呈圆筒状，有八个或八个以上的触手，触手中央有口。珊瑚虫多为群居，即由许多珊瑚虫结合成一个群体。

珊瑚虫的生殖方式

珊瑚虫的生殖方式有三种：有性生殖、出芽生殖和分裂生殖，其中出芽生殖最为常见。在成熟的珊瑚虫体壁上，经常会生出小小的嫩芽，小嫩芽成熟后，就会从母体上脱落，成为珊瑚群体中的新成员。

苛刻的生存条件

珊瑚虫对繁殖和生长的条件要求很苛刻：首先，要求海水的温度在 20℃ ~ 36℃之间；

其次，要有足够的光照，即珊瑚虫对生活的海水深度有一定的限度；此外，珊瑚虫还要求海水有正常或较高的盐分，溶于海水中的氧气要

比较充足。

生死不离

新生的珊瑚虫在死去的珊瑚虫骨骼上生长，日积月累就形成了千姿百态的珊瑚。有的像树枝，枝条纤美柔韧；有的像蘑菇；有的像喇叭；有的像鹿角等。珊瑚的颜色五彩缤纷，把海底打扮得像一个美丽的花园。

海洋动物的天堂

珊瑚不仅形状和颜色美丽，还是无数海洋生物的家园：有些鱼和蟹就居住在珊瑚的枝杈之间。它们利用珊瑚细密的枝状骨骼保护，顺

利存活其间，并从流经的水中充分捕捉浮游生物。

珊瑚虫的“暗器”

珊瑚虫的触手中有微小的刺丝囊，内含毒液和微小的传感器。当传感器受到刺激的时候，刺丝囊会用相当大的力量和速度放出触手，刺破攻击者或猎物，并注射毒液，以达到击倒或吓退对方的目的。珊瑚虫的触手很小，长在口的旁边。

珊瑚美丽的颜色是怎么来的?

珊瑚虫美丽的颜色来源于它们体内的共生藻。珊瑚虫依赖体内的微小共生藻生存。这种海藻细胞中含有叶绿素，在阳光的照耀下，可以进行光合作用，促进珊瑚虫的生长，并使其变幻出各种颜色。

海底的树林：柳珊瑚

柳珊瑚又名海铁树、海柳等，为树枝状的群体，因其形同陆地上的柳树而得名。因其质细腻，坚韧不腐，水浸不朽，又有森林活化石的雅号，是热带海洋中最宝贵的资源之一。

变色功能

柳珊瑚有变色功能。刚出水时有红、白、黄色，干后能变为黑铁色，所以又被称为海铁树。

貌似植物

柳珊瑚的寿命可长达数万年，因它形似树木，不少人错误地以为柳珊瑚是海洋植物。其实，它是地道的海洋动物，是珊瑚的一种，与人们常食用的海蜇还是近亲呢！

天气预报员

有趣的是，柳珊瑚还有“晴雨表”功能。每逢天气有变化或台风

来临之际，柳珊瑚光亮的表面层会变得暗淡乏光，手摸有潮湿感，天气转晴又恢复如初。这也是辨别其真假的好方法。

浑身是宝

柳珊瑚不仅可以做成各种艺术品，还具有很高的药用价值和美容价值。用柳珊瑚煲鸡头内服可止血，煮汤吃还治腰痛，还具有较好的降血压、抗心律失常、抗血管及回肠的痉挛以及耐缺氧等作用。柳珊瑚是一种吉祥物，早在几百年前就被老百姓视为一种“神树”。

用柳珊瑚做成的烟斗，不仅工艺精美，色泽秀丽，更重要的是不会烧焦，吸烟时会感到特别清凉爽口，并有天然的过滤作用，还有一股淡淡的清香。

赤柳是柳珊瑚中的一种，颜色鲜艳悦目。

柳珊瑚生活在海底几十米甚至几百米处，高者达 3 ~ 4 米，它们用强有力的吸盘与海底石头相连。

海底的花瓶：海鞘

海鞘是一种很像植物的动物，身体呈壶形或囊形，外层有植物纤维包裹。海鞘分为单海鞘和复海鞘，广泛分布于世界各大海洋中，从浅海到千米以下的深海都有它的足迹。

单海鞘的体形较大，一般呈不规则椭圆形，一端固着在海底，另一端有两个突起处，此为出入水孔所在，出水孔较入水孔低。

独一无二的血液循环系统

海鞘有着尾索动物中独一无二的血液循环系统：它为开管式循环，为尾索动物中所罕见。更奇妙的是，它们的血流方向会每隔几分钟颠倒一次，绝对是独一无二的。

复海鞘是出芽繁殖，它们的个体一般较小，各个体之间以柄互相连接，并有共同的被囊。它们通常长得很薄，形如被单状附着在岩石上或其他动物上。

逆行变态

刚出生的小海鞘很像小蝌蚪，有眼睛和脑泡，尾部很发达，中央有一条脊索，脊索背面有一条直达身体前端的神经管，咽部有成对的鳃裂，而且小海鞘还能在海里自由地游泳。但是数小时后，它的身体前端就渐渐长出突起并能吸附在其他

物体上，尾部会逐渐萎缩以至消失，最后只留下一个神经节。海鞘这种由小到大的成长过程中变态与进化的方向正好相反，所以生物学上将这种现象称为“逆行变态”。

两种繁殖方式

海鞘属于雌雄同体，繁殖方式有两种：一种是受精繁殖；一种是发芽繁殖。海鞘成体长出新的繁殖芽，脱落后固着到新的附着物上，重新成长为新的单独个体。

海鞘的退敌之策

海鞘在遇到刺激时会通过收缩挤压身体从出水孔射出一股强有力的水流，达到退敌的目的。喷水后的海鞘由原来的挺立状态变成绵软倒伏状。

海鞘摄食的方法

海鞘的进水孔向内通到一个大的咽喉部，咽喉中有许多如篮网般的构造，称为鳃孔，海鞘就是借着吸水将夹带在水中的食物颗粒滤入咽喉中；而食物颗粒被滤取后的水，则经由出水孔排出体外。海鞘摄食的对象以有机物的碎屑及浮游生物为主。

大海里的烟囱：海绵

海绵是世界上结构最简单的多细胞动物。它既没有头和尾，也没有躯干和四肢，更没有神经和器官。海绵虽然属于动物，但是它不能自己行走，只能附着在海底的礁石上，从流过身边的海水中获取食物。海绵的颜色同样是丰富多彩的，这是因为它们体内有不同种类的海藻共生。

自卫的武器

海绵的体内有骨针，这是它们自卫的武器。当其他动物想吞食它时，它会用体内尖细的骨针来反抗。此外，海绵还可以释放一些恶臭或有毒的化学物质来驱赶周围的猎食者。

浴海绵

浴海绵柔软而有弹性，吸水能力很强，可以用来洗澡或用在外科手术上吸取血液或脓汁，清洁患处。浴海绵很早就被人们利用，如我们生活中用的浴海绵好多都是仿照海绵的结构制造的。

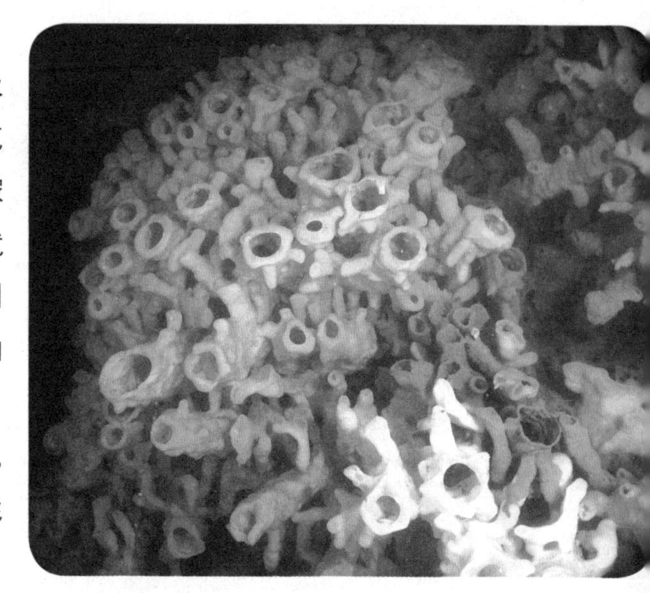

单个的海绵很像一个花瓶。海绵虽然属于动物，但它不能运动，而是常年静卧在海底。

庞大的家族

海绵在海洋中是个庞大的家族，有 1 万多种。它们五颜六色、千姿百态：有的像圆圆的琵琶，有的像玻璃杯，有的几十种同穴在一起，像是一簇鲜花。

喜欢独居

海绵虽然是个大家族，但它总是喜欢形单影只地独处一隅，而且它栖息的地方，其他动物也很少前去居住。

海绵是怎样吃东西的?

海绵的“瓶壁”上有许多小孔，海水从“瓶壁”渗入瓶腔，然后由“瓶口”流出。在“瓶壁”内生有无数的鞭毛细胞，当海水从“瓶壁”渗入时，水中的营养物质便被海绵的鞭毛细胞捕捉吞食。

惊人的再生能力

海绵有着惊人的再生能力。有人曾经做过这样一个试验：把海绵粉碎，又用铁锤把它砸烂，还用筛子滤过，然后把它们搅拌混合在一起，抛撒在海里。一个星期之后，这些粉碎的小颗粒，又变成了一个个小海绵体。

居住地点的选择

海绵总喜欢居住在海水流经的海底，这是为了节省摄食时摆动鞭毛所耗费的能量。

美丽的海洋之星：海星

浑身都是监视器

海星的每一个腕足上都有一只眼睛，只能分辨光线的明暗，但这并不妨碍它们躲避敌害。因为，海星浑身都是监视器。它们的皮肤上长有许多微晶体，而每一个微晶体都是一只灵敏的眼睛，周围的蛛丝马迹都能被它们尽收眼底。

海星的腕一般有 5 个，多的达 20 多个。

海星的水管系统

海星每条腕的腹面都有一条沟，沟内有许多管足，管足的末端有成千上万的吸盘，里面充满液体，形成一个复杂的水管循环系统。海星靠水压的作用使管足蠕动而产生运动。休息时，它们管足内的液体就会排到一个专门的囊中，使管足内部形成真空，吸附在岩石上。

超强的再生能力

海星的再生能力非常强，当它们的手臂不幸被敌人切断后，仍然可以从伤口处长出新的手臂。而断掉的部分也能再长成一只小海星。如果把它们切成数块放回海中，过不了多久，每块都会长成一只小海星。

海星的色彩鲜艳，而且有很多种颜色，蓝海星的身材很苗条，面包海星则胖乎乎的。

恐怖的胃

许多海星都有一种本领——

把胃吐出来，胃的内壁能像口袋一样把猎物包裹起来，它们的胃可以消化掉任何食物。捕食蚌时，它们先向蚌壳的小缝里注射麻醉液，等蚌的壳张开时，海星便吐出胃囊将贝肉包裹住。

海星是一种美丽的海洋动物，它们色彩鲜艳，种类繁多，身体呈辐射状对称，几乎没有躯干，整个看来就像五角星。海星喜欢平静的生活，所以，它们一般生长在没有浪头的潮间和近岸海域的深水层。

一群贪婪的海星在吞食一只可怜的海胆。

海星的身体呈辐射状对称，一般有 5 个腕，腕上有坚硬的刺，用来捕食和自卫。

长棘海星浑身长满了又粗又长的毒刺，它们是珊瑚虫的天敌。1 只长棘海星一昼夜就要吃掉 2 平方米大小的珊瑚虫。所以，如果一个地区长棘海星多了，必然危害这一地区的生态平衡。

海星主要捕食一些海洋中行动较迟缓的贝类、海胆、螃蟹和海葵等。海星很贪婪，而且食量很大。一只幼体海星一天的食量比自身重量的一半还要多。

海底的武士：龙虾

龙虾的躯体粗大而雄壮，呈圆筒状，是世界上最大的虾。它们身披坚硬的“盔甲”，尤其是它们那像大钳子似的第二对触角格外引人注目。当它们迈着强有力的步足张牙舞爪地在海底爬行时，真像传说中的海底龙王呢！

螯的边缘长有许多尖锐的锯齿，用来切割猎物。

骇人的大螯用来打开猎物的硬壳。

两只长长的触角可以敏锐地感知到靠近的猎物。

龙虾的尾巴在游泳时推动身体前进。当它们遇到天敌或打架时，就会弯着尾巴向后游走，如果尾鳍被捉住，它们就会自断尾鳍逃命。

蜕皮长大

龙虾需要蜕皮才能不断长大。它们的蜕皮首先是尾和躯干部张开一条横向裂缝，身体侧卧弯曲，慢慢从裂缝中蜕出来。蜕皮后的龙虾在 8 小时内就能长大 15%，体重增加 50%，而它们蜕掉的旧壳可以完好无损。

有勇无谋

龙虾生性好斗，看起来很威武。但它们在和乌贼的搏斗中，往往一味猛攻，横冲直撞，毫无一点战略战术；而乌贼则巧妙躲闪，待龙虾累得精疲力竭时，就寻机将其擒获，美餐一顿。有的鱼也喜欢捕食龙虾，先一口咬下它的触须，再把它的足肢一截截咬掉，而龙虾却束手无策。

大迁移

每年秋天一到，龙虾便开始它们大规模的迁移。它们用强有力的触须拉着前者的尾巴排成一列纵队前行。沿途遇到的龙虾也会加入进来，于是队伍越来越大，浩浩荡荡地在海底前进。它们列队前进可以减少海水的阻力，单个龙虾一昼夜可以前进 100 ~ 300 米，而列队龙虾每小时就可前进 1000 米！

营养价值高

龙虾含有比较丰富的蛋白质和钙等营养物质，尤其是对身体虚弱和病后需要调养的人来说是极好的食物，而且一般人都可以食用。需要注意的是，龙虾不能与含有鞣酸的水果，如葡萄、石榴、山楂、柿子等同食。

横行海洋的螯钳将军：螃蟹

螃蟹是我们所熟知的一种动物，身披坚硬的甲壳。绝大多数种类的螃蟹生活在浅海或靠近海洋的区域，也有一些栖息于淡水或住在陆地上，靠鳃呼吸。

善于伪装自己

螃蟹为了生存，“发明”了不少伪装自己的方法：有的采集一些海藻碎片，用带有黏性的唾液粘在自己身上，伪装成海底石头的样子；有的则喜欢翻开泥沙将身体潜伏起来，只露出一双眼睛监视四周；更

可以转动的眼睛

螃蟹的眼睛是长在柄上的，柄的基部是可以灵活转动的关节，既可以竖起，又可以倒下。竖起时，可以眼观六路；倒下时，可以连眼柄一起藏在眼窝之中。有的螃蟹甚至会把整个身子埋在泥沙中，仅露出眼睛来观察周围的情况，这也是它们防身的一大法宝。

螃蟹含有丰富的蛋白质及微量元素，对身体有很好的滋补作用。但是螃蟹的体表、鳃及胃肠道中满了各类细菌和污泥，所以，吃蟹时必须蒸熟煮透，一般开锅后再加热 30 分钟以上才能起到消毒作用。

为厉害的是，它们的体色还会随着周围环境的变化而改变，使身体的颜色与周围背景的颜色巧妙地融合为一个整体。

“横”行霸道

无论是漫步还是急速前进或撤退，螃蟹都是横向移动的。这与它们的足肢构造有关：它们的步足与胸部相连，不能转向，而且其足肢间没有关节相连，只有一层薄薄的韧皮相连，只能上下运动，所以螃蟹只能横着走路。

不挑食

螃蟹花大部分时间寻找食物，它们从不挑食，只要螯能够弄到的食物都可以吃。小鱼小虾是它们的最爱，不过有些螃蟹吃海藻，甚至连动物尸体都吃。

螃蟹摆出两只强有力的螯肢用来吓唬准备入侵的敌人。

后面四对足是用来爬行的，叫作步足。

螃蟹身上坚硬的甲壳可以保护它们，避免遭到天敌侵害。但是甲壳并不会随着身体成长而扩大，所以相隔一段时间，螃蟹就蜕一次皮，身体就长一次。

第一对是螯足，既是掘洞的工具，又是防御和进攻的武器。

海底刺猬：海胆

海胆是海洋里一种古老的生物，与海星、海参是近亲，在地球上已经生存了上亿年。海胆的身体呈球形、半球形、心形或盘形，周身长满了刺，像一个个带刺的仙人球。

海胆的运动

海胆会随着摄食而运动：如果食物丰富的话，每天海胆可能只移动 10 多厘米；如果食物稀少，则每天可以移动超过 1 米。海胆的运动是靠透明、细小、数目繁多及带有黏性的管足及棘刺来进行的。它们的管足在运动时，可以像海星一样抓紧岩石。

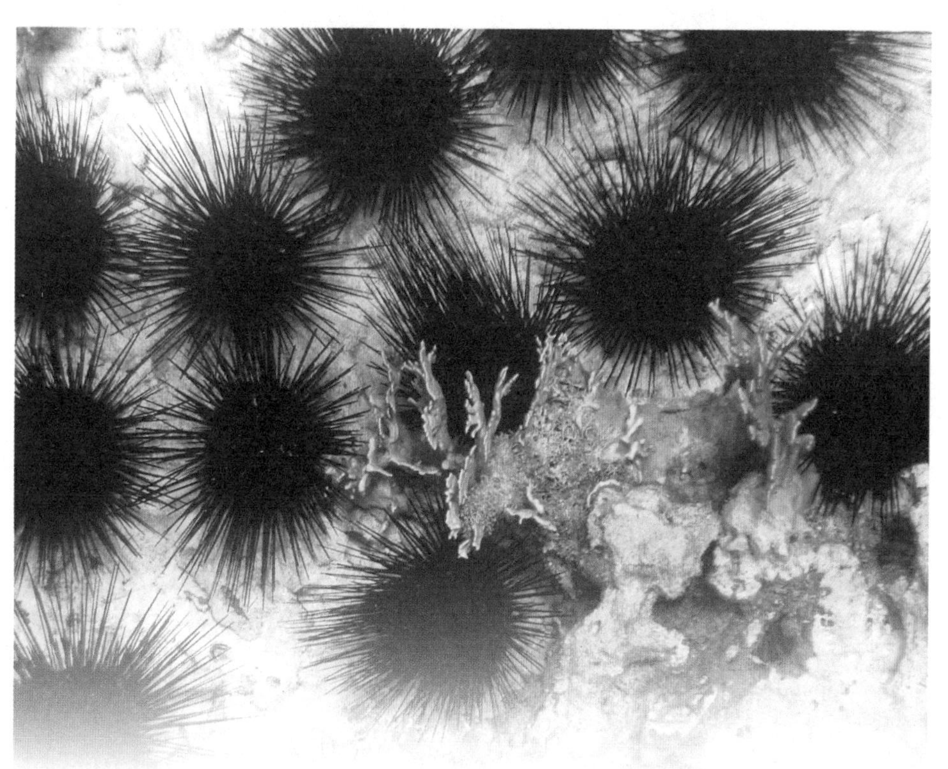

海胆吃什么?

海胆的食物种类十分广泛，肉食性的会以海底的蠕虫、软体动物或其他棘皮动物为食物；而草食性的主要食物是藻类。另外，也有以有机物碎屑、动物尸体为食的海胆。

海胆的棘

海胆的棘有长有短，有尖有钝，种类不同，棘的结构也不一样。有的种类棘非常长，可长达 20 多厘米。

对栖息地的选择

海胆大多生活于海底，喜欢栖息在海藻丰富的海底礁林间或石缝中，以及坚硬沙泥质的浅海地带，具有避光和昼伏夜出的特性。

生殖传染

海胆是群居性的动物，在繁殖上，它们有一种奇特的现象：在一个局部海域内，一旦有一只海胆把生殖细胞，无论是精子还是卵子排到水里，就会像广播一样把信息传给附近的每一个海胆，刺激这一区域所有性成熟的海胆都排精或排卵。这种怪现象被形容为“生殖传染病”。

天生胆小鬼

海胆的名字很响亮，从它的名字看，好像挺吓人，但实际它是个天生的胆小鬼。遇到敌人侵袭时，它就拼命地找地方把身子藏起来。它身上的刺完全是为了防身。

海胆不仅味道鲜美，而且营养价值也很高。它富含卵磷脂、蛋白质、核黄素等，属高营养补品。然而，并不是所有的海胆都可以吃，有的海胆是有毒的：比如，生长在南海珊瑚礁间的环刺海胆就是一种剧毒海胆。

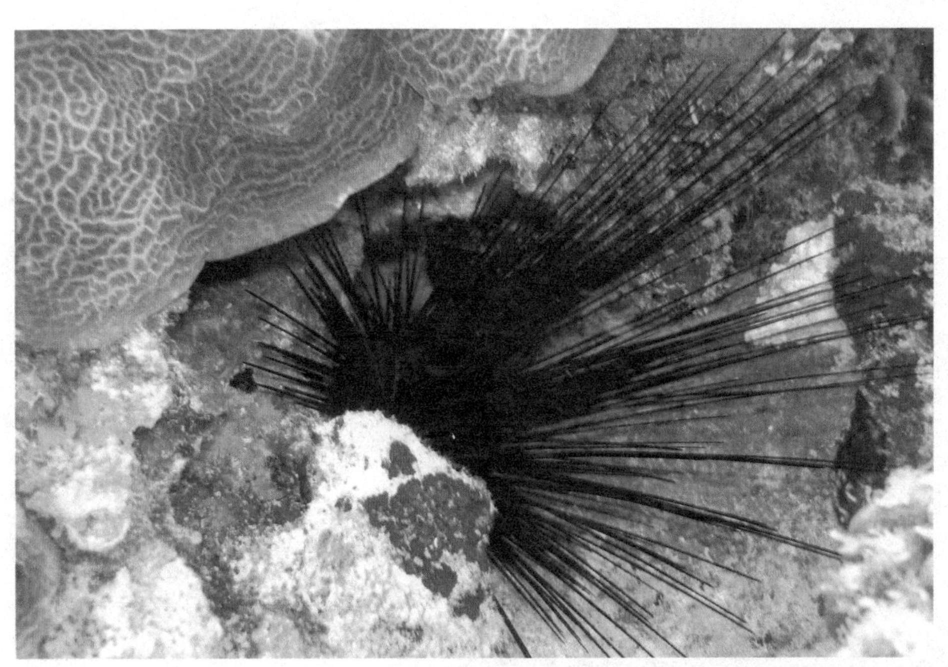

躲在壳里的胆小鬼：有壳的软体动物

贝是有介壳软体动物的总称，它们具有一种特殊的腺细胞，其分泌物可形成保护身体柔软部分的钙化物，称为贝壳。贝壳的种类很多，有扇面形状的、螺旋形状的等，而且贝壳还有很多颜色和花纹。

砗磲

砗磲是海洋中最大的贝壳，最大的壳长可达 1.8 米，重量可达 500 公斤。一扇贝壳便可以给婴儿当作洗澡盆使用。

砗磲怎样进食?

砗磲和其他双壳类动物一样，也是靠通过流经体内的海水把食物带进来的。但砗磲不光靠这种摄食方式，它们还有在自己的组织里种植食物的本领。它们同一种单细胞藻类——虫黄藻共生，并以这种藻类做补充食物，特殊情况下，虫黄藻也可以成为砗磲的主要食物。

虎斑贝

虎斑贝是一种很漂亮的贝，是我国最古老的一种货币，在我国古代人民生活中曾起过重要的作用。

带刺的贝

扇贝因为它的贝壳形状很像扇面而得名。

孕育珍珠的摇篮：蚌

蚌有两个椭圆形介壳，中央突起，形状略呈四角形。蚌软软的身体就躲在贝壳里面，珍珠就是在其中孕育而成的。蚌的肉质鲜美，被称为“天下第一鲜”，营养价值也很高。

将自己完全暴露：没壳的软体动物

这类动物虽然和贝类一样也属于软体动物，但它们的壳已经蜕化掉了，只剩下一身软乎乎的肉，包括章鱼、乌贼、枪乌贼（鱿鱼）等。

火箭一样的速度

乌贼的游泳速度非常快，像腾飞的火箭一样，所以有人把它称为海里的火箭。乌贼游泳速度快，是因为在乌贼头部的下方，有一个漏斗，漏斗平时注满水，当它们遇到危险时，便从漏斗口猛地喷出储存在体内的水，推动身体前进，使自己快速逃跑。

身体颜色的变化

章鱼可以根据外界环境的变化而变化出不同的颜色，而且，它还

能用不同的颜色来表达自己的心情，当它们高兴、激动、恐惧时身体的颜色都随之发生变化。

逃避敌害的方式

章鱼和乌贼的体内都有一个墨囊，而且里面的墨汁含有毒素，在遇到敌害或危机时，它们的墨囊就会收缩，放出墨汁，就像放烟幕弹一样。霎时，海面一片漆黑，它们便乘机逃之夭夭。另外，它们还能利用墨汁中的毒素麻醉小动物。

普通乌贼

乌贼的嘴巴周围长有一圈腕，腕顶端有吸盘。捕猎时，它们就用带有吸盘的腕牢牢吸住猎物，然后再慢慢享用。

乌贼的头很大，触手上有吸盘，长在头顶的眼睛很发达。

大王乌贼

大王乌贼是世界上最大的乌贼，它们一般生活在大洋深处，白天在深海中休息，晚上游到浅海觅食。一般幼年的大王乌贼体长 3 ~ 5 米，成年的大王乌贼可长达 17 ~ 18 米。

奇特的运动方式

章鱼的运动方式很奇特，它们先将水吸入套膜腔内，然后再将水喷出，以反方向推动身体向前。

下篇

蓝色生命圈里的秘密

神秘的大海里不仅生物种类繁多，而且，在这个蓝色生命圈里还有许多神秘的现象：在几百个大气压下生活的鱼类、身上自带灯泡的鱼、喜欢飞翔的鱼等。看看图中的动物，它们都有哪些“特异功能”？

海洋为什么是动物的乐园？

海洋浩瀚无际，深不可测，生活在其中的动物更是种类繁多，多姿多彩。

0 ~ 200 米是海洋上层，也是动物最多的地方。如果你畅游在这个水层，就可以有机会看到乌贼在与敌人争斗时喷出浓浓的“墨汁”；也能看到飞鱼猛烈地向后面喷射水，借助反作用力迅速前进，甚至冲出水面在空中像鸟儿一样滑翔。在这近岸的浅海中，五颜六色的小鱼在草丛中穿梭嬉戏，身材肥壮的海蟹为寻找食物而忙碌，形形色色的贝和海螺在享受安闲的时光，美丽的海葵、海胆、海参、海星等动物把大海点缀得丰富多彩。

200 ~ 1000 米是海洋的中层，有近千种鱼类生活在这里。打开探照灯，你可以看到长约 18 米，重达 1 吨的大王乌贼；也可以看到自在游弋的巨型抹香鲸。在这里，有些动物身体能发光，有些长着像望远镜一样的筒状眼睛，有些动物肤色很奇怪。

1000 ~ 4000 米是半深海层，生活在这儿的鱼类得忍受高压、黑暗和寒冷，因而体形长得特别怪异，有的头部超大，有的嘴巴特宽，有的牙齿十分锋利。这一水域身体能发光的鱼类特别多，大多有着特别发达的眼睛；有的眼睛却完全退化，成为水中“盲人”，以其独特的能力去发现食物。

4000 米以下是深海层，仍然有鱼类生存，可见海洋水族还有无穷的生命奥秘在等待我们去探索。

五颜六色的小鱼在海底动植物间穿梭嬉戏

阳光透不进深海，海鱼是如何寻找食物的？

深海中的光线十分昏暗，把胶卷底片放在 100 米深的海中，需要 1 小时才能完全曝光；但在 2000 米的深海，即使把胶卷底片曝光两个小时，底片也没有反应。生活在 1500 米以下的深海鱼类，几乎感受不到阳光，它们是怎么寻找食物的呢?

首先，深海鱼类仍然能用眼睛觅食。为了适应这种无光的环境，深海鱼的眼睛往往长得超乎寻常地大。例如，雄狗母鱼类的眼睛竟然占了整个头部 1/3 的大小，而灯笼鱼的眼睛竟然占了头部的一半。它们的瞳孔也变得又细又长，这样有利于充分吸收光线。萤火鱿的身体能发出闪烁的光芒，吸引猎物前来，然后趁机捉取猎物。

其次，深海鱼类可以靠嗅觉觅食。深海鱼类的嗅觉系统进化得更为发达和完善。例如，1 米长的鲨鱼，嗅觉神经末梢的面积在其鼻腔中可达 4842 平方厘米；又如，7 米左右长的噬人鲨，其嗅觉可灵敏到清楚分辨出数千米外的受伤的人和海洋动物的血腥味。

最后，深海的鱼类可以靠声波觅食。深海鱼的内耳功能十分发达，它不但能清晰地分辨出在水中传递的高低不同频率的声波，而且能通过大脑及时地识别出声源的方向、距离。

深海鲨鱼

海洋动物都有什么样的睡眠奇术？

如果你打开手电筒，去探看海洋馆里的鱼，就会发现它们都进入一种静止状态，这正是它们处于睡眠之中的表现——一种特有的不闭眼的多态睡眠。在海底世界中，比目鱼平时爱躺卧在沙底，一旦瞌睡袭来时，它就会升浮在水中开始梦乡的旅程；贪睡的睡鲨最喜欢在海底窟洞里酣睡，在梦乡中打发一生的大部分光阴。

海洋动物的睡姿更是千姿百态。小鳎鱼在黄昏时游至水表面不动，身体弯曲进入睡眠，鱼鳍在鱼睡觉时盘绕着身体，远远看去犹如茶托；金鱼喜欢展鳍伏底而睡；而隆头鱼则喜欢侧身入睡。此外，有的鱼以游泳的姿态睡觉，有的鱼喜欢以头下尾上的倒立垂直姿势睡觉。

亚南极群岛的象海豹在正式睡眠时，会选在海岸边的泥泞洼地处，分成小群挤成一堆，犹如一个小型的金字塔；生活在南极海岸周围的海豹，则选择睡在冰下，身体垂直悬在水中，鼻尖露出冰面进行呼吸。有时为了呼吸，它们以冰裂缝或牙齿凿的洞作为呼吸洞。

但以上所述，都比不上珊瑚礁里的鹦嘴鱼睡觉时的奇特。每当夜幕降临，鹦嘴鱼就开始进入水下洞穴安睡。临睡前，它们的皮肤会分泌出大量黏液，以致把全身都包裹起来，犹如穿上一件薄如蝉翼的睡衣，也可以说是筑了一间特制的“卧室”。这件黏液织成的“睡衣”，前后两端都开了小孔，海水从中流过，保证它在睡眠时能够继续呼吸而不至于闷死。到了第二天早上，鹦嘴鱼醒来后马上脱下“睡衣”，开始一天新的生活。

海星睡觉时常常将身体贴在海底的岩石上。

海鱼防身自卫靠什么?

和陆地上的动物一样，海洋动物也有着特定的防卫系统，确保自己的生存空间不受侵犯。

在陆地上，蛇能够以分泌毒素的方式来自卫，而海洋中也有不少鱼有这种本事。生活在南洋群岛海域的毒鱿鱼，它有一个长在背鳍基部的毒腺，在遭遇到外来侵犯时，毒鱿鱼的背鳍马上紧急备战，并以让对手措手不及之势，用鳍骨刺入来犯者的身体，同时把毒液注入敌方伤口——敌方轻则痛苦不堪，重则丧命。

黄貂鱼是黑海里的一种毒鱼，它以长在尾部的一根针刺作为自卫武器，此针刺周围有大量细小毒腺，不管谁冒犯了它，它都会迅速让对方中毒。

箭鱼的自卫武器更是十分别致，比起它那长达4米的修长身体来说，它那特别突兀而狭长的上颌显得更为尖锐锋利，可以说就是一支使敌人丧胆的长箭。箭鱼凭借这种武器，经常在鱼群中毫无顾忌地横冲直撞，使得不少鱼虾因此受伤，甚至使得人们的木船的船舷和船底也被冲击得残破不堪。

和箭鱼相媲美的是一种名叫锯鳐的鱼，它身长6米，但上颌锯齿突起就长达2米，这正是它扬扬得意的锐利武器。当然，箭鱼和锯鳐的身体武器不仅仅限于消极的自卫防身，在许多时候，它们也借此来主动攻击和猎取食物。

栉齿锯鳐

为什么深海鱼能在高水压下自在生活？

在海洋中，每下潜100米就会增加10个大气压，那么在几千米或几万米的水下，其水压之大就可想而知了。由于这个原因，人体和普通设备都很难在这种条件下完成沉船打捞、光缆铺设、资源勘探等工作，但为什么在数千米的海底生活的鱼类，不仅身体不会被压破，而且活得非常自由自在?

这是因为，大多数深海鱼的体内都有大量的水分。深海鱼体内的水分使其不至于被高水压压破，要解释这个问题，我们可以用两个试验来证明。

首先，我们先将一个密封好的空罐头盒拴在重物上沉入几十米深的水下。当空罐头盒被提上来时，你会发现空罐头盒被压得变形了。我们如果把一个敞口的空罐头盒，以同样的方法沉入几十米深的水底，再次提上来时，你会发现它的外形没有任何改变。原因在于，水从盒口流入空罐头盒内，盒内的压力与深水的压力相等，罐头盒就不存在压力差。同样，

海狮在深海中潜游

深海鱼之所以能在深海处自在生活，就是因为它体内包含了大量的水分，使身体内外的压力一致，也就不会有受高压压迫的危险了。

不过，当科学家对这些深海动物充满了极大的兴趣，设法把它们带到海面并运到试验室的时候，这些深海鱼类却都没法存活。压力的巨大改变是这些鱼的主要死因，许多海洋鱼类生活在几千米的海底，那儿有几百个大气压的压力。而在海平面，气压只相当于一个大气压，它们的身体根本无法适应海面的环境。

为什么海鱼的肉不像咸鱼那样咸？

在海洋中，生活着数不清的鱼类，其中有许多种是人们喜欢吃的美味。海水既咸又苦，含有大量的盐分。许多朋友可能在心里有疑问了：海水中含盐这样多，海洋里的鱼时刻要喝海水，盐分要向鱼体内渗透，可是，为什么海鱼的肉却一点也不咸呢？

原来，生活在海水中的鱼，可以分硬骨鱼类和软骨鱼类两大类。硬骨鱼类的鳃内有一类功能特殊的细胞，叫泌盐细胞。泌盐细胞能分泌出盐分，它们能够吸收血液里的盐分，经过浓缩将盐随黏液一起排出鱼体外。

由于这些泌盐细胞高效率地工作，使海鱼体内始终保持着低盐分。相比之下，淡水鱼的鳃片里没有氯化物分泌细胞，无法把含盐的海水过滤成淡水，所以适应不了海水又咸又苦又涩的环境。有趣的是，有一些鱼类竟然能够在江河与海洋之间自由往来，畅行无阻。例如，我国的鲻鱼、梭鱼、鲈鱼、鳗鱼等，它们既能适应海洋的生活，又能适应江河的生活。其奥秘在于，在它们的鳃片上的氯化物分泌细胞组织对于海水和淡水都能适应，所以它们大多在海里产卵，在河里养育；或是在河中产卵，在海里长大。

海水软骨鱼类保持体内低盐分则有另一套本领：它们的血液中含有高浓度尿素，使血液浓度比海水浓度高，这样就可以减少盐分的渗入，因此，海鱼的肉就始终不会变咸了。海鱼虽然生活在海里，但它们的肉并不咸。

海鱼

菜市场为什么没有活带鱼卖?

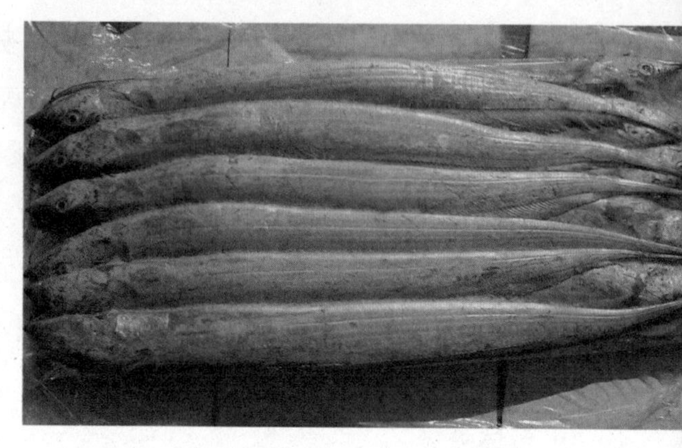

我们去菜市场买鱼，经常可以买到活蹦乱跳的草鱼、鲤鱼等淡水鱼，但买带鱼、黄鱼之类的海鱼时，却只能买到死的，这是什么原因呢?

原来，带鱼和黄鱼都是生活在海水中，而草鱼、鲤鱼则生活在淡水中，它们的生活环境有着巨大的区别。海水含盐量高，密度比淡水大很多。

同时，生活在海底的鱼类，其承受的压力也要远比在淡水环境下大得多。带鱼和黄鱼生活在较深的海中，它们的身体结构和发育已经完全适应了这种条件。当终年生活在深海中的海鱼突然被捕获后，离开了海水环境，暴露在浅水或空气环境之下，压力的骤降，鳔内的空气因为外界压力减少而膨胀起来，使鱼鳔濒于爆裂；此外，压力减少还会造成它们体内微细血管破裂，眼球突出于眼眶外等现象。此类原因，都会促使带鱼和黄鱼在离开海洋环境后很快死去。

不过，有些适应能力强的海鱼，在专家设计的类海洋生活环境中，仍然可以生存下来。比如，有些观赏鱼类生活在海水的水族箱里，箱里面有先进的灯光设备和过滤系统，能自动化控制好水质、灯光，喂养和温度。

每天到了设定的时间，水族箱就会自动开关，让鱼的生活形成规律性，这样人们就可以天天见到海鱼了。

带鱼只能适应海水的盐度和压力，所以在菜市场我们只能看到死带鱼。

海洋动物有什么避暑的妙法?

夏天，大海中的巨星——鲸以高速游动时，其体内的温度会快速上升。当鲸觉得热时，它能通过脂肪层使动脉血管扩张，还会用冷水冲洗口腔和鼻腔，然后把热水喷出，形成美丽的喷泉以利于身体降温。

海洋中的鳄鱼，在夏天避暑的方法有点像陆地上的犬类动物，它们张开自己的大嘴巴，大口喘气，通过既急促又有节奏的奇妙动作，把体内的热气呼出去，从而降低体温。

海象有着庞大的身躯和厚而多皱的皮肤，所以海象的避暑办法也比较简单，不是用水冲凉，而是直接趴在沙滩上，不断将湿沙拨在身上，用来吸热降温。

生长在海洋中特别是在非洲的浅海水域的肺鱼则钻进海底泥沙中，通过自身分泌黏液，把底层周围的泥土粘在一起，精心筑成小巢穴，作为避暑纳凉的安乐窝。待到夏天暑期过去后，才肯出来畅游各自喜爱的水域，过着正常的海洋生活。

水温太高会造成海参体内的蛋白质变性，引起死亡，这时候海参就会蜷缩着身子躺在浅海中，不吃不动，全靠消耗体内积存的脂肪维持生命活动，直到秋凉才醒过来。

刚从泥里爬出来的肺鱼

海鱼为什么在夜间喜欢亮光?

在夜间的漆黑海面上，许多如同繁星的灯火点缀着海面。这些灯火都是来自渔船的，为什么渔民们会这样做呢？自古以来，渔民们就懂得鱼类有趋光的特性，于是他们发明了利用灯光来诱捕鱼群的方法。

许多海鱼，在生理上具有一种趋光的习性，就像我们非常熟悉的飞蛾扑火现象一样。趋光鱼类大多是一些小型的鱼，如沙丁鱼、银鱼等，它们喜欢的只是弱光，强烈的太阳光它们并不喜欢，因此，白天它们沉入水底。在明亮的月夜，才浮到水面迎着月亮游动。

有些鱼趋光是因为它们吃的食物如小虾之类的小生物，具有趋光性。这些小生物是早上随着阳光的增强而沉入海底，夜晚又上升到水面。这些鱼为追猎食物而昼夜上下移动，如带鱼、鲐鱼等。

鱼类的趋光过程大致可以分为两个阶段：第一阶段是鱼受光刺激后，游近光源周围；第二阶段是鱼滞留在光源下游动。趋光的鱼类在过了一段时间后，也会因对光的适应、疲劳以及环境的变化等而离开光源游走。科学家发现趋光鱼类对光的颜色的反应也不一样：在绿色光的照射下，鱼的游动异常活跃；而在红色光的照射下，鱼群就能非常安静地在光源下聚集起来。

趋光鱼只是鱼类中的一部分，有些鱼不喜欢光线，甚至避开光线，一发现灯光就逃避，如鳗鲡，它在繁殖期往往避开明亮的月光潜入海底。

许多海洋动物都有趋光性。

海底鱼类是怎样发出声音的?

有经验的渔民能根据鱼的不同叫声分辨出鱼的种类、鱼群的大小来。因为他们早知道，鱼是能发声的，而且不同的鱼发出的声音也不同。比如，沙丁鱼的叫声有时像哗啦哗啦的流水声，有时像波涛拍岸；黄花鱼的叫声有时像野猫叫，有时像吹口哨，声音较大；箱鲀的叫声像狗吠。黄鱼发出的声音低沉而杂乱时，说明鱼群比较集中；而当鱼群比较分散时，黄鱼的声音就比较高亢而悦耳。

动物的声音一般是从咽喉发出来的，可是鱼类没有声带，怎么能发出声音呢？原来，鱼发声并不靠声带，主要靠它体内充满气体的鱼鳔。鱼抖动鱼鳔周围的肌肉，从而带动鳔产生振动，就发出了声音。也有的鱼利用身体的某些坚硬部位互相摩擦来产生声音；还有的鱼利用背鳍、胸鳍或臀鳍的振动来发声；还有不少鱼是利用呼吸时腮盖的振动或肛门的排气来产生声音的。

蟹是用一种表面粗糙而起棱的器官与螯摩擦而发出声音的。有一种蟹所发出的超声波很强烈，能使酒杯破裂。龙虾也能用它的触须摩擦身体上的一种椭圆形起棱的薄膜而发出声音。

鱼发声的目的是各不相同的。繁殖期是为了吸引异性；有时是因为发现了敌情而向同伴发出警报；也有时是为了恐吓敌害；有时是因为受到惊吓而发出惊讶的声音。

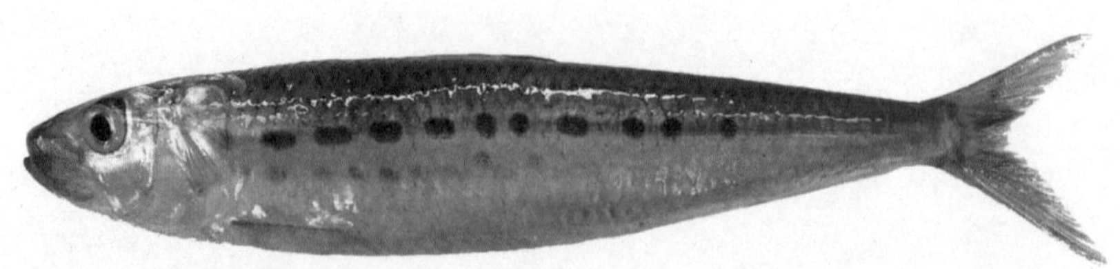

沙丁鱼

海洋动物也会变成“音乐迷”吗？

海洋中有许多动物对音乐有着异乎寻常的天赋，其中有不少是名副其实的“发烧友”“演奏师”和“演唱家”呢！

有一位美国业余钢琴家，偶然在存放水产品的库房里发现了一架旧钢琴，一时兴起就弹奏起来了，这时他发现旁边玻璃池中的虾纷纷向他这边聚拢，似乎对悠扬的钢琴声很陶醉呢。

还有一位英国女小提琴手，每当她早晨在海边练琴时，附近的海豹便会从四面八方探出头来，并游近她。这些海豹不仅在水中伸着脑袋望着她，而且身体还会随着她的演奏节拍起舞扭动，如同一群狂舞的歌迷。这位提琴手自18岁时随丈夫搬到这个岛上居住后，周围的海豹便每天早晨都会来到岸边

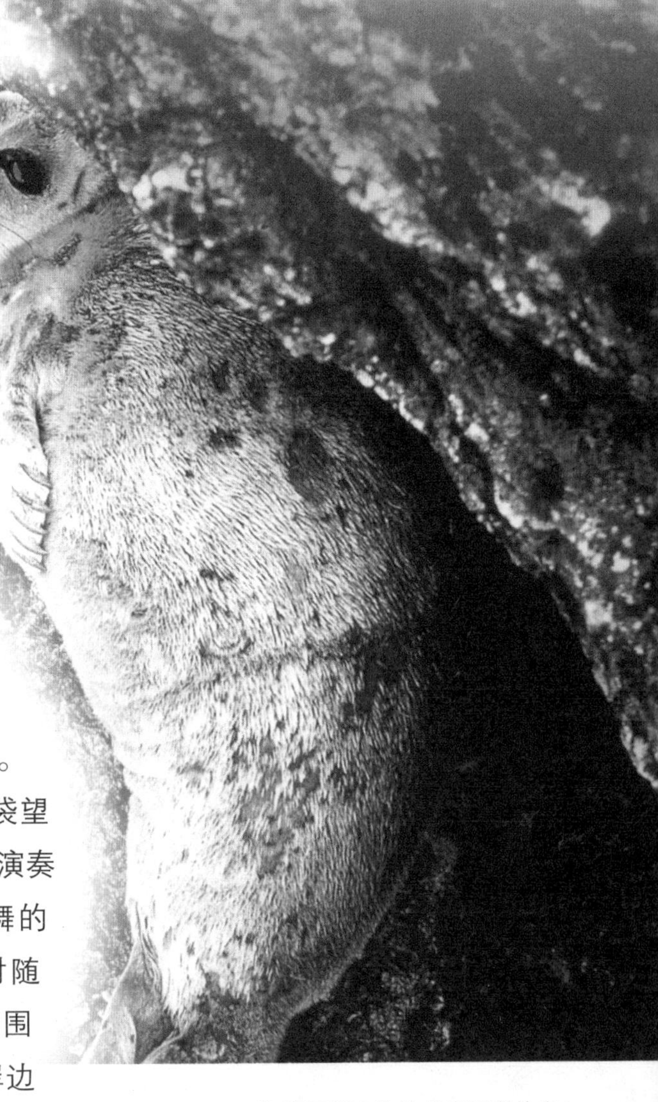

一只海狮正躲在海边的岩石旁休息

听她的琴声。时间一长，她学会了用提琴同海豹交流，她甚至还知道这些海豹都喜欢听什么乐曲。不过，她并不知道这些海豹为何喜欢听她拉琴。其实，人们早就发现，海豹具有一定的音乐天赋，它们不仅喜欢欣赏音乐，而且能够发出从低到高各种不同的声音。

日本一家海洋动物园有一只海狮聪明绝顶，经过近一年的训练后，它学会了用下腭触击钢琴琴键连续不断地奏出音乐。现在，这只海狮已能在驯兽员的指挥下，演奏22首世界名曲，其中包括贝多芬的《第九交响曲》《郁金香》以及日本民歌《樱花谣》等。它在弹奏钢琴时，身体还会像音乐家那样左右摇晃，显得十分投入。

南极磷虾为什么被称为南大洋生态系统的一把钥匙？

磷虾看起来似乎毫不起眼，但是它对南大洋众多的生物是至关重要的，甚至对南极的生物世界来说也是一个举足轻重的角色，所以科学家把磷虾称为南大洋生态系统的一把钥匙。

因为在南大洋的生物之间形成一个相互依存的食物链，磷虾是靠海水中大量的以硅藻为主的浮游植物为食物的，南大洋的海水中营养盐特别丰富，所以浮游植物也大量繁殖，为磷虾提供了取之不尽的食物。另一方面，磷虾本身又是许多生物的食物，大到鲸鱼、海豹，小到企鹅和其他鸟类，还有许多南极鱼类、头足类也以磷虾为食物，像蓝鲸、长须鲸和座头鲸的食物中，磷虾占了 80%，甚至鲸群的活动范围往往也是磷虾的密集区。一头蓝鲸一次能食 1 吨磷虾，每天要吃 4 ~ 5 吨磷虾。由于南大洋的磷

南极磷虾

虾特别多，所以一到夏天，鲸鱼便千里迢迢来到南大洋觅食。企鹅的主要食物也是南极磷虾，据统计，南极的企鹅每年捕食的磷虾约有3317万吨，这个数字相当于鲸鱼捕食磷虾的数量的一半。因为每只企鹅平均每天进食0.75千克，根据现有企鹅的数量不难推算磷虾的消耗量。而且，科学家认为，根据企鹅栖息地的变化以及繁殖后代的数量，可以推算磷虾的分布范围和它的资源量。

近年来，人们发现一个值得注意的现象，这就是南极半岛周围的企鹅正在急剧增加，究其原因，是因为鲸鱼大量减少的缘故，由于鲸鱼减少，磷虾的繁殖就大量增加，企鹅有了充足的食物来源，所以数量有了明显的增长。

南极磷虾捕捞过度会出现什么严重后果？

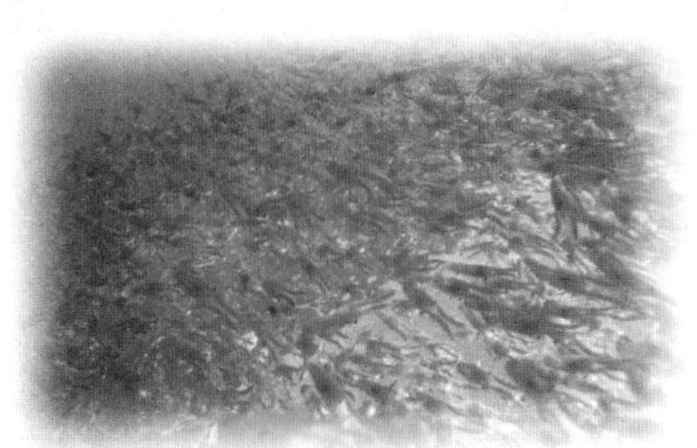
凯库拉磷虾群

南大洋磷虾被发现以来，这发光的小虾已成为各国争夺的生物资源，智利、德国、日本、波兰、韩国的渔船也竞相捕捞磷虾。磷虾之所以引起许多国家的兴趣，是因为它含有营养丰富的蛋白质，所含蛋白质和牛排、龙虾差不多，而且味道鲜美可口。目前有的国家将它制成磷虾酱在市场出售，还准备加工成饲料或肥料。由于南大洋的磷虾资源相当丰富，有的估计达 50 亿吨之多，也有的认为只有 10 亿～ 20 亿吨，但不管怎么说，这都是一个相当诱人的数字，不少人据此提出：磷虾是人类未来的蛋白资源之一。

科学家对此比较谨慎，他们认为要合理地利用磷虾资源，首先要摸清南大洋究竟有多少磷虾。另外，更加重要的是，还必须调查清楚，每年捕捞多少磷虾合适，才会不致影响南大洋动物的生存，不会破坏生态平衡。因为磷虾在南大洋生态系统中的地位非同寻常，一旦磷虾的资源因过量捕捞而急剧减少，会产生一连串连锁反应，那些依靠磷虾为食物的生物（海豹、企鹅、鱼、其他鸟类）就会因失去食物而死亡，而遭受打击最大的恐怕要数已经稀少的鲸鱼。

因此，科学家们提出警告：不要忙于捕捞磷虾，为了人类的长远利益，合理地利用和开发南极的生物资源（其中也包括磷虾）。

磷虾的深海孵化之谜?

在产卵季节，雌虾把卵排到水里。虾卵在孵化过程中，不像其他产卵生物一样，卵始终在某一深度完成孵化，它是在不断下沉过程中完成的。受精卵离开母体之后，就开始下沉，边下沉边孵化，一直下沉到数百米甚至数千米的深度，才孵化出幼体。而幼体的发育则是在上升过程中完成的。幼体一出现，则下沉停止，开始上浮，逐渐发育。当幼体发育成小虾阶段，就几乎到达海水的最表层。这时的磷虾长成成虾，在表层觅食、生长、集群、繁殖。到发育成熟阶段，再进行下一代的繁殖。就这样一代又一代，在下沉、上浮过程中，实现了磷虾的生命循环。不同海域的磷虾受精发育过程不同，在热带海洋中，一年内达到成熟；而在冷水海域，例如南大洋海域，则需要两年时间。

人们在了解磷虾的繁衍生育过程之后，感到十分困惑不解。例如，磷虾卵能自己下沉几百米甚至上千米，这是什么力量在起作用呢？是发生在卵的自身，还是借用某种外力？又如，磷虾卵为什么能承受如此之大的静压变化？要知道，表层海水静压与深海静压相差数百倍、上千倍。再如，磷虾的孵化过程为什么要采取这种“下沉——上浮”的方式？……对于这些问题，人们还一时找不出确切的解释。

于是，有人提出：最好的办法是通过人工养殖，对于磷虾产卵孵化的全过程进行监测、研究。但是，在实验室里，不管使用何种方式，只能做到较长时间地饲养磷虾，而无法获得磷虾产卵、孵化的过程。看来，攻克这一难关，还需要科学家继续付出艰辛的劳动。

一只正在产卵的磷虾

哪些是有毒的海洋动物？

科学家把含有毒素、对人类和其他生物能致命或致病的海洋动物称为海洋有毒动物。到现在，已知道有毒海洋动物有1000多种，世界各个海域都有广泛分布。它们为了生存，在攻击对手、防御敌害或者获取食物时，会通过各种方法来施放毒素。

海洋腔肠动物中，最毒的动物以生活在澳大利亚东北沿岸水域的盆状水母最为有名。这种水母被称为“海黄蜂”，它经常浮在昆士兰海岸的浅水水域。游泳者如果被海黄峰的刺蜇到，毒性会迅速发作，甚至连喊救命都来不及就丧命了。海星的毒素也很大，在侵入人体后，会引起剧痛。同时，海星的皮肤腺能分泌一种黏液状毒素，可麻痹甲壳类及贝类等动物，以便摄食。绝大多数海胆的棘刺有毒，如果人被刺伤后，会发生剧痛、昏迷等现象。

在海洋中，毒鱼常伏卧在海底，其身体的保护色几乎和珊瑚枝、青石块一样，让人很难发现。当人赤脚在浅水中踩到它时，立刻会遭到它闪电般的攻击，不到一会儿受害者就会失去知觉，接着开始抽筋、呓语，进而死亡。此外，像海蛞蝓、石头鱼、老虎鱼等都是比较有名的有毒动物。但是，这些有毒的海洋动物对人类来说并不都是有害的。随着科学的进步，人们已逐渐开发利用海洋动物的毒素，用于人类疾病的治疗，有些海洋动物的毒素已变成备受青睐的“灵丹妙药”，显示出非凡的功效。

漂亮的海蛞蝓其实是一种有毒的海洋动物

海洋里有哪些动物会发电?

电鳗能发出800伏的电压，是发电鱼的冠军。电鳗与普通鳗鱼的体形非常相似，可长达2米多，体重可达20多公斤。电鳗有两对发电器，形状为长梭形，位于尾部脊髓两侧。电鳗放电时的平均电压为350多伏，但也有过650伏和800多伏的放电纪录。美洲电鳗的最大电压足以击死一头牛。

电鳗放电时产生的电流是极微弱的，属于直流电，但放电频率非常高。当电鳗长到不足1米时，电压随着电鳗的成长而增加。当长到1米后，只增加电流的强度。电鳗捕食的时候，首先悄悄地游近鱼群，然后连续放出电流，受到电击的鱼马上昏厥过去，身体僵直，于是，电鳗乘机吞食它们。电鳗放电后要经过一段时间的恢复，才能再放电。利用这一特点，渔民们捕捞电鳗时，先把牲畜赶到水中，使电鳗放电，等到它们把电量消耗掉，再进行捕捞，这样做就可以避免渔民被击伤。

电鲶也是一种能发电的鱼，它的发电电压高达350伏，能将人和牲畜击昏。当然，并不是所有的电鱼都能发出很强的电，海洋中还有一些能发出较弱电流的鱼，它们的发电器官很小，电压最大也只有几伏，不能击死或击昏其他动物，但它们的发电器官像精巧的水中雷达一样，可以用来探索环境和寻找食物。这些鱼身上布满了电感器官，它们能够接收返回来的电波。由于任何一种活动的生物都有或强或弱的生物电，这些鱼的电感器官能感受到非常微弱的电场变化。

带着灯泡在海中旅行

为什么电鳐能发电？

有一支海洋生物考察队，乘船来到太平洋的热带水域，潜水到海洋底部进行考察。突然，他们发现一条行动迟钝的鱼，它长达一尺，身体扁平，头部与胸部连在一起，尾部呈粗棒状，很像一把厚厚的扇子。它的双眼长在背部前方的中央，身体的腹面有一个横裂状的小口，口的两侧有五个鳃孔。他们很好奇，就急忙跟过去。当他们的手刚一接触到鱼身时，就被电击了一下！这是怎么回事？难道这种鱼还会放电？

世界上会发电的鱼有 500 多种，上面提到的这种鱼叫电鳐，是最早被发现的，它身体内部有着特殊的发电构造：头胸部腹面两侧各有一个肾脏形的蜂窝状的“发电器”。这两个发电器，是一块块肌肉纤维组织的“电板”重叠而成的六角形的柱状管，大约每个“发电器”中有 600 个柱状管。在这些“电板”之间，充满着胶状物质，可以起绝缘作用。电鳐捕捉食物时，信号通过神经传导到电板的细胞，使细胞产生化学物质，改变细胞膜内和膜外的电荷分布，产生电位差，电流也就因此产生了。一个细胞产生的电流很小，一条电鳐身上有数百万个电板细胞，它们同时放电的时候，电流就相当大了。

电鳐放电，一般为击毙水中的鱼虾，以取得生存的食物。此外，在遇到敌害时，它也会用放电来保护自己。但每次放电后，特别是连续放电后，电鳐的身体会显得精疲力竭，需要休息一段时间后才能恢复过来。

电鳐

为什么海洋动物要发光?

海洋里的水母、海绵等动物都会发光。水母躯体上有特殊的发光器官，受到刺激便发出较大的闪光。有些鱼体内能分泌一种特殊物质，这种物质在氧化作用下就会发光。它们发出的光，颜色多种多样，有红、黄、蓝、绿等颜色；就明亮程度来说，有的动物发的光像一根光柱，有的像闪光灯，有的甚至像探照灯。

海洋动物为什么要发光呢？是不是因为在漆黑的水下世界里看不见东西，必须自己带个小灯笼才行呢？关于海洋动物为什么要发光的问题，不同生物学家的看法也不一致。尽管有些海洋动物的视觉十分发达，但是也没有在黑暗中能看见东西的能力，所以，可以认为它们发光就是为了照明。然而，也有一些动物有很强的发光器官，但它们却是瞎眼，从照明的角度来看，它们真是“瞎子点灯——白费蜡”。由此可见，海洋动物发光肯定还有别的用途。现在，比较一致的看法是海洋动物发光或者是为了防御肉食动物，或者为了诱惑猎物，也可能为了吸引异性。例如，琵琶鱼为引诱食物，就在它的嘴边挂着一个发光诱饵。

此外，有些海洋动物利用发光作为识别信号，在产卵期用来鉴别雌雄等。对于动物发光的研究，不仅有助于解开海洋中的秘密,还有助于海洋渔业捕捞，因为鱼群往往会在身后留下光迹，渔民可以利用这种光迹找到鱼群。

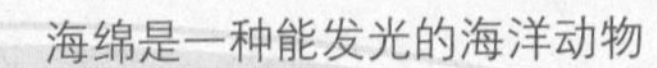
海绵是一种能发光的海洋动物

海洋中为什么有救死扶伤的“鱼医”？

海洋生物学家近来发现，生活在海洋中的鱼类，也有自己的医生——一种普普通通的小鱼。在广阔的海域里，至今已发现有近 50 种“鱼医”，它们日夜不休地进行着医疗工作，而它们的“医疗站”一般都设立在珊瑚礁、水中突兀的岩石、海草茂密的高地或沉船残骸边。它们每天要治疗 400 条左右患皮肤病的鱼。“鱼医”的体态小巧，行

动轻盈，它给鱼治病，不是通过用药，而是用它尖尖的嘴巴为病鱼清除细菌和坏死的细胞。生病的鱼“就诊”时，必须头朝下，尾巴朝上，笔直地悬浮在水中。如果是喉咙生病，病鱼就得乖乖地张大嘴巴，让“鱼医”钻进嘴里去。

患病的鱼类和鱼医生的关系相当融洽。凡是接受治疗的病鱼必须老老实实地“站”在鱼医生面前，张开嘴巴，让小鱼进入嘴里。即使是遇上敌害，病鱼也会匆匆将“鱼医”吞入腹中逃之夭夭，而后再将“鱼医”吐出来。如果在治疗中有凶猛的动物游过来，这时被治疗的鱼先急忙把鱼医生带到安全的地方，然后再回来与凶猛动物决一死战，决不让鱼医生遭到残害。

有时鱼医生的“生意”相当兴隆，各种鱼甚至排着长长的队伍，等待着鱼医生的治疗。不过，有的时候秩序相当混乱，“患者”都想早点让医生看病，不免就要发生拥挤和争执。尽管“患者”着急，鱼医生可从不性急，总是不慌不忙地、精心地工作着。

“鱼医生”的体形一般很小，这便于它们钻进“患者”的体内。

海牛为什么被称为“水中除草机”？

海牛的肠子长达30米，食量很大，每天能吃下相当于体重5%～10%的草料，是典型的草食动物。它吃草像卷地毯一般，一片一片地吃过去，有“水中除草机”之称。这在水草成灾的热带和亚热带某些地区，是很有用的。

在那些地方，水草阻碍水电站发电，堵塞河道和水渠，妨碍航行，还给人类带来丝虫病、脑炎和血吸虫病等。非洲有一种叫水生风信子的植物，曾在刚果河上游的1600千米的河道蔓延生长，堵塞严重，连小船也无法通行，当地居民由于粮食运不进去，被迫背井离乡。扎伊尔政府为解决这一社会危机，花了100万美元，撒下大量除草剂，仅隔两周，这种水草又加倍生长出来。后来，人们在河里放入两头海牛，这一难题便迎刃而解了。

中国引进水葫芦作为观赏植物，但后来发现能做猪饲料，就大面积种植，结果导致了水葫芦的疯长，后来人们让海牛去吃水葫芦。几头海牛就能吃掉几吨的水葫芦，胃口真是大。

然而，加勒比海牛今天的命运如同我国的大熊猫，正濒临灭绝。原来，海牛长期遭到捕杀。因为海牛肉细嫩味美，脂肪含量丰富，还可以提炼润滑油，制作耐磨皮革，甚至肋骨也可做象牙的代用品，全身是宝，这是导致它濒临灭绝的主要原因。

海牛胖乎乎的样子好可爱

美人鱼究竟是什么动物?

自古以来，无论在中国还是在外国，都有关于美人鱼的传说。安徒生写的童话《海的女儿》就讲述了一位美丽、善良的人鱼姑娘的故事。世上有没有美人鱼呢？如果说没有，为什么美人鱼传说的流传范围这么广？如果有，美人鱼究竟是什么呢？

科学家们经过广泛深入地研究，认为传说中的美人鱼也许就是普普通通的海牛、儒艮或海豹。

海牛的身体是光溜溜的，有一双小眼睛，呼吸时鼻子像张开的粗管，上唇成圆盘状，占据头的一大部分；满脸生着触须，头颅光秃秃的没有卷发，没有耳朵，皮肤满是皱纹。至于“美人鱼”常被描绘成头披长发的美女，这与海牛生活在海藻丛中，出水时头上披有水草有关。而且，雌海牛的胸部与人类女性很相像，海牛没有后鳍，臃肿的身体向后逐渐缩小成尾状。

儒艮的体形和海牛相似，雌儒艮在为小儒艮喂乳时，上身露出水面，而且还用前肢一样的鳍摇动小儒艮，就像母亲给小孩喂奶时用手轻拍婴儿似的。这些特征和行为都像人们传说中的美人鱼。

海豹除了有肢状的前鳍和从头到尾逐渐缩小的体形外，还有一双温柔的眼睛，海上航行的水手们也说，海豹看上去很像传说中的美人鱼呢！不过这些推测并不能说服所有的人。动物学家认为，除非见到真的美人鱼或美人鱼标本，否则只能把它当成是一种传说或神话。

儒艮和海牛的最大区别是：海牛的尾部呈圆形，而儒艮尾部形状与海豚尾部相似。

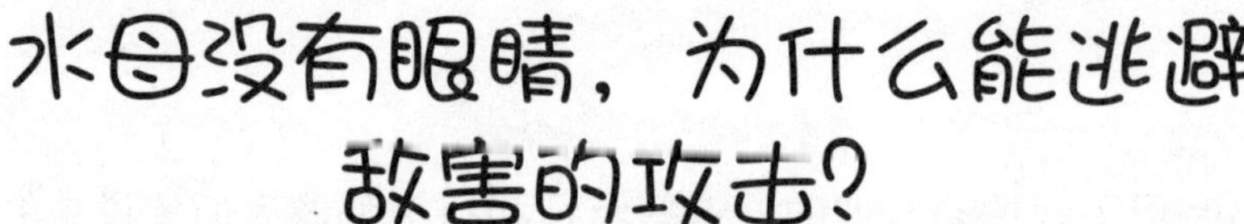

水母没有眼睛，为什么能逃避敌害的攻击？

宋朝有一位诗人，曾在一首描述水母的诗中写道：“出没吵嘴如浮罂，复如缁笠绝两缨；混沌七窍俱未形，块然背负群虾行。”这首诗写出了水母的一个秘密：“块然背负群虾行”，说明水母没长眼睛，却能够在海洋里自由遨游，靠的是小虾指路。几乎每个水母身上都附着许多小虾，它们相依为命，配合默契。原来这是自然界生物之间经

过长期自然选择而形成的一种“共生”关系。

这些小虾俗名大肚虾，也叫水母虾。在水母厚实的圆顶下，生有8个柄状的触手，下端垂着稠密的细长的丝，成群的小虾就附着在触手和细丝上。这样，小虾自然就受到保护。而水母呢，也离不开小虾。当别的动物向水母袭来的时候，小虾就向水下游动，水母也就跟着下沉，当遇到水母喜欢吃的藻类和微小生物的时候，小虾就引导水母靠拢上去，进行捕捉。

这些小虾恰好弥补了水母没有眼睛的短处。所以人们说，水母是以虾为眼睛的。水母是靠8个柄状触手顶端的口捕捉食物的。它吃剩下的微小生物，又正好是小虾们的美餐。除了大肚虾之外，还有一种名叫“牧鱼”的小鱼，也是水母的终身伴侣。在海洋中，这种小巧灵活的牧鱼总在水母的身边游动。当大鱼游来时，它就急忙躲进水母那稠密的细丝当中，把自己隐蔽起来。同时，牧鱼又可以为水母效劳，吞吃掉水母身上有害的小生物。

水母的触手是它们捕捉食物的工具。

为什么说章鱼最厉害的武器是毒汁?

有一位水手捕鱼归来时，在海边发现一条小章鱼，长约 15 厘米。这位水手想开开心，把八条腿的小家伙放到自己的肩上。后来，章鱼爬到他的背上，突然咬伤了他的脊椎部位。咬时并不很痛，只在皮肤上留下了一个不大的伤口，一点点地往外流血。但这位水手感到全身无力，头晕，并开始呕吐，站不稳。和他一起去捕鱼的人立即把他送入医院，但他已失去知觉，面部发青，心脏跳动微弱，呼吸感到困难。医院想尽一切办法进行抢救，结果还是无效，这位被章鱼咬伤的水手入院后不到一刻钟就死亡了，从咬伤时算起只有两个小时。

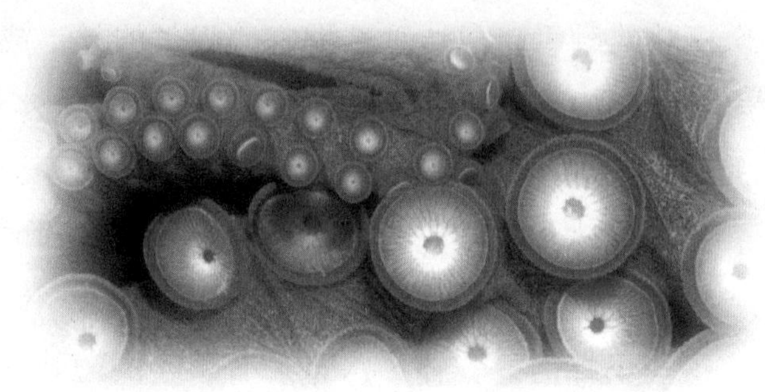

章鱼腕足上生有许多圆形的吸盘

后来，科学家才逐渐了解到章鱼有一对唾液腺，它不分泌助消化的酶，而分泌一种特殊的毒汁。把章鱼的毒汁注射到蟹、鱼、蛙身上，可使它们的中枢神经麻痹。螃蟹中毒后立即开始痉挛，几分钟后就不动了。如果这时把螃蟹捞上来，仔细地查看，根本发现不了有任何伤口。可是它却死了。

章鱼可怕不是它们的吸盘和腕足的力量，而是毒液，包括小章鱼也不例外。不过，章鱼很少动用自己有毒的武器。

为什么说章鱼是精通脱身术的魔术师?

章鱼是软体动物，身躯像一个袋子并富有弹性，它的口中没有牙齿但长着喙一样的腭片，它长着8条带吸盘的腕足，这些腕足既可以用来探察周围的环境，又可以用作进攻和防御的武器。然而，别看章鱼这种模样，它却像著名的魔术师一样，会一种令人吃惊的脱身术呢!

一旦受到攻击或威胁，章鱼可就要施展“移形换影大法”啦，那就是章鱼的独门绝技“缩骨神功”——通过挤压自己的身体，它们可以穿过很小的洞眼，或是很窄的缝隙。打个比方，只需要比钥匙孔大一点的小洞，章鱼就能不动声色地从一个房间移动到另一个房间！曾经有一位动物学家捉到一条约40厘米长的章鱼，把它放进一个空箱子里，用钉子把箱盖钉好，再用绳子捆好，过了不久，他把箱子打开一看，章鱼不见了。还有一位生物学家捉到一条长约30厘米的章鱼，把它装在篮子里盖上盖子，几分钟后，他发现章鱼从篮子的孔眼里钻出来，爬到他的膝盖上了!

章鱼为什么能从狭窄的缝隙中逃脱出来呢? 这是因为它身体的肌肉十分发达，当它要从箱子里出来时，就会把身体的某一部位像打楔子似的打进缝隙中，然后使劲将肌肉拉松，使缝隙扩大，就可以从箱内溜出来。章鱼还能将腕足自断一部分，然后再把头和身体收缩成线状或饼状，这样就能从窄缝隙中钻出去。

章鱼身体的肌肉很发达，它可以通过挤压身体钻过很小的缝隙。

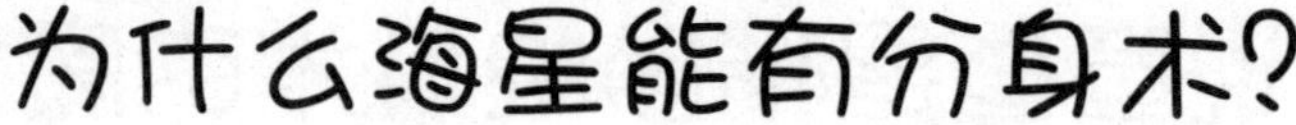

为什么海星能有分身术?

海星特别喜欢吃贝类。但是，海星对贝类的嗜好却给渔民带来了灾难。因为渔民们就喜欢在海边养殖各种贝类。可是，海星常常潜入养殖场，撕开贝壳，吃掉贝肉。渔民损失很大，因此恨死了海星，只要捞到海星，决不轻饶，一定狠狠地把它撕成两半，再扔回大海里。可是过不了多长时间，海星不但没有减少，反而越来越多了。这是怎么回事呢?

现在海边养殖贝类的渔民都知道，要对付海星，最好把它们扔在海滩、岩石上晒死。可是，为什么不能把捉住的海星剁成几段、扔回大海呢？这样不是更加干净彻底吗?

后来渔民们才惊奇地发现，许多撕成两半的海星，在伤口处又长出了缺少的部分，发育成了新的海星。也就是说你撕得越多，它们繁殖得越快。所以，把偷吃贝类的海星“碎尸”投海，虽然很痛快，实际上却像是在帮助海星繁殖，它们的数量反而会越来越多。

海星为什么会有这种魔术般的再生能力？科学家发现，当海星受伤时，后备细胞就被激活了，这些细胞中包含身体所失部分的全部基因，并和其他组织合作，重新生出失去的部分。一般来说，生物越简单再生能力就越强，研究海星的再生能力，对研究人体组织的再生会有很大启迪。

海星为什么是美丽珊瑚的杀手？

珊瑚是建造礁石的能工巧匠，海洋里的珊瑚礁都是它的石灰质遗体堆积而成的。可是珊瑚虫这世世代代的杰作，却面临着威胁。有一种长棘海星，它对珊瑚的进攻非常厉害。这样的海星，一个月可吃掉1立方米的建礁珊瑚虫！

长棘海星

长棘海星“穿着”一身褐绿色的外衣。它身长60厘米，有15 ~ 21个腕。腕上长有5厘米的毒棘，腕下并排着许多小吸足。长棘海星在捕食珊瑚虫时，借助分布在腕下的半透明小足，把自己吸附在珊瑚礁表面。之后，长棘海星把胃翻倒出来，覆盖在珊瑚礁上，同时分泌出消化液渗透到珊瑚石灰质骨骼内，液化珊瑚虫后吸收养分。吃完之后，它把石灰质留下，在海水的冲刷下，珊瑚礁一块一块地被破坏剥落。成年长棘海星个体一般大于15厘米，单个的成年长棘海星一年要吃掉5 ~ 13平方米珊瑚。据统计，现在已有10%的著名珊瑚礁，被贪婪的海星毁灭了，有的破坏面积达250平方千米以上呢！

海星如此猖獗地贪吃珊瑚，潜水员遇到它恨不能把它砍死，剁碎。可这样做非但不能杀死它，反而使海星越来越多，因为海星的繁殖能力是惊人的。对付海星最有效的办法是，人工培养一种梭尾螺和一种海虾，它们天生与海星为敌，是专吃海星的能手。目前这种方法已经有了效果。

为什么说海豚是人类的朋友？

海豚不是鱼，而是一种海洋哺乳动物。海豚智力发达，活泼可爱，它们既不像森林中胆小的动物那样见人就逃，也不像深山老林中的猛兽那样遇人就张牙舞爪，而是表现出十分温顺可亲的样子与人接近，比起狗和马来，它们对待人类有时甚至更为友好。

在阳光明媚的海滩上，我们经常可以看到海豚和在海边游泳的人一起游玩，特别是喜欢和小朋友们一起玩耍，有时候还钻到小朋友的腿下，让小朋友骑在它的背上，一同到海里去游一圈。小朋友们在海上玩球时，海豚也来参加，并很快成为托球能手。经过训练，它能表演高难度的跳跃、转身等动作，是海洋公园里最受欢迎的动

一只海豚正与人合作表演

物明星之一；它还能潜到深海里去帮助人打捞落水的仪器，甚至能学习人类的语言。

人们喜爱海豚，还因为它们不止一次地在海上救险，把落水的人驮在背上，送到岸边。海豚甚至会不顾自身的安危，成群地驱赶凶猛的鲨鱼，保护落水的海上遇难者。

历史上流传着许许多多关于海豚救人的美好传说。早在公元前5世纪，古希腊历史学家希罗多德就曾记载过一件海豚救人的奇事。有一次，音乐家阿里昂带着大量钱财乘船返回希腊的科林斯，在航海途中，水手们意欲谋财害命。阿里昂见势不妙，就祈求水手们允许他演奏生平最后一曲，奏完就纵身投入了大海的怀抱。正当他生命危急的时刻，一只海豚游了过来，驮着这位音乐家，把他一直送到伯罗奔尼撒半岛。

海豚为什么被称为“海上救生员”？

有一位女士在一个海滨浴场游泳时，突然陷入了一个水下暗流中，一排排汹涌的海浪向她袭来。就在她即将昏迷的一刹那，一条海豚飞快地游来，用它那尖尖的喙部猛地推了她一下，接着又是几下，一直到她被推到浅水中为止。这位女子清醒过来后举目四望，想看看是谁救了自己，然而海滩上空无一人，只有一只海豚在离岸不远的水中嬉戏。近年来，类似的报道越来越多，这表明海豚救人绝不是人们臆造出来的。

海豚不但会把溺水者推到岸边，而且在遇上鲨鱼吃人时，它们也会见义勇为，挺身相救。有一艘客轮在加勒比海因爆炸失事，许

海豚喜欢在水中跳跃

多乘客都在汹涌的海水中挣扎。不料祸不单行，大群鲨鱼云集周围，眼看众人就要葬身鱼腹了。在这千钧一发之际，成群的海豚犹如“神兵天降”突然出现，向贪婪的鲨鱼猛扑过去，赶走了那些海中恶魔，使遇难的乘客转危为安。

海豚的大脑容量比黑猩猩还要大，是一种具有思维能力的动物，它们的救人“壮举”完全是一种自觉的行为。紧临大西洋的地方有一个贫困的渔村，大西洋中的海豚似乎知道村民们在忍受饥馑煎熬之苦，常常从大海中把大量的鱼群赶进港湾，协助渔民撒网捕鱼。此外，类似海豚助人捕鱼的奇闻在澳大利亚、缅甸、南美也有报道。

海豚始终是一种救苦救难的动物。人类在水中处于危难之际，往往会得到它们的帮助。海豚也因此得到了一个“海上救生员”的美名，现在许多国家都颁布了保护海豚的法规。

海豚也拥有各自的“姓名”吗?

美国科学家们发现，每一只处于群居状态的海豚都拥有自己的名字，并且，同一族群的海豚之间还能够分辨出对方的“姓名”。

科学家们将研究的地点选在了佛罗里达海岸。他们记录下了群居海豚发出的声音并对它们进行了分析。之后，他们从中分离出了所有能够表明某一只具体海豚身份的声音信号，并保留了这些声音的频率特征。

通过与人发出的声音进行比较，研究人员从海豚发出的声音中分离出了重音和其他一些与“交谈”有关的特点。试验期间，研究

两只海豚正用它们独特的语言在交流

人员将同一族群的海豚分为了两组并提取了其中一组发出的声音。之后，通过向另外一组海豚播放这些声音，人们惊奇地发现，它们居然对自己“亲属”的声音做出了积极的反应。

科学家们基于这些观察结果得出结论，海豚不但拥有自己的名字，而且还能够根据这些名字区分同伴，而不是单纯地依赖于声音。

科学家们认为，这种识别身份的方式对海豚来说是非常必要的——因为在水下声音很容易失真，只能通过较为复杂的声音组合来识别同伴。这次参与试验的14只海豚中有9只都对自己亲属的“名字”做出了反应。不过，科学家们目前还不清楚，为什么另外5只海豚未做出任何相应的动作。

或许，它们并不愿意看到自己的“亲戚”。这项发现具有非常重要的意义，因为它表明，海豚也拥有某些与我们人类类似的行为能力。

为什么海豚可以“不睡觉”？

在我们的印象中，海豚似乎永远不眠不休地四处游动，难道它们真的不用睡觉？如果睡觉，它们是睡在陆地，还是睡在海中呢？

其实，如果我们能够细心观察海豚一段时间，便会发现它们在游泳时，有时会闭上其中的一只眼睛。经测它们的脑电波得知，它们某一边的脑部会呈睡眠状态。虽然它们在持续游泳，但左右两边的脑部却在轮流休息。

海豚是利用呼吸的短暂间隙睡觉的，这样它们在睡着的时候才不会有呛水的危险。而且它们的呼吸与其神经系统的状态有着特殊的联系。有人曾经做过一个试验：给海豚注射一定剂量麻醉剂，使它处于酣睡状态，半小时后海豚就死亡了。试验表明：海豚是在有意识的状态下进行睡眠的。在睡眠中它的大脑两半球处于明显不同的状态中，即当一个半球处于睡眠状态时，另一个半球却在觉醒中，间隔十多分钟交换一次，很有节奏。在睡眠中，它的呼吸活动依然如故。少量的麻醉剂破坏了它大脑两半球的平衡，使之都处于睡眠状态，从而破坏了呼吸的进行，因呛水而死亡。

边游泳边睡觉的海豚

寻找海豚睡觉的秘密，有助于研究人类和其他动物的睡眠。如果我们能够像海豚一样，一边睡觉一边工作，左右脑互相交替休息，一心便可以二用，搭车时睡觉便不怕坐过站了。

飞鱼的飞行原理是什么？

飞鱼为什么能像海鸟那样在海面上飞行呢？说得确切些，飞鱼的“飞行”其实只是一种滑翔而已。科学家们用摄影机揭示了飞鱼“飞行”的秘密，结果发现，飞鱼实际上是利用它的“飞行器”——尾巴猛拨海水起飞的，而不是像过去人们所想象的那样，是靠振动它那长而宽大的胸鳍来飞行的。飞鱼在出水之前，先在水面下调整角度快速游动，快接近海面时，将胸鳍和腹鳍紧贴在身体的两侧，

飞鱼飞离水面可以躲避水中敌人的攻击

这时很像一艘潜水艇，然后用强有力的尾鳍左右急剧摆动，划出一条锯齿形的曲折水痕，以便产生一股强大的冲力，促使鱼体像箭一样突然破水而出，起飞速度竟超过 18 米 / 秒。飞出水面时，飞鱼立即张开又长又宽的胸鳍，迎着海面上吹来的风以大约 15 米 / 秒的速度做滑翔飞行。当风力适当的时候，飞鱼能在离水面 4 ~ 5 米的空中飞行 200 ~ 400 米，是世界上飞得最远的鱼。有人曾在热带大西洋测得飞鱼最好的飞翔纪录：飞行时间 90 秒，飞行高度 10.97 米，飞行距离 1109.5 米。

当飞鱼返回水中时，如果需要重新起飞，它就利用全身尚未入水之时，再用尾部拍打海浪，以便增加滑翔力量，使其重新跃出水面，继续短暂的滑翔飞行。可见，飞鱼的“翅膀”其实并没有扇动，而只是靠尾部的推动力在空中作短暂的“飞行”。有人曾做过这样的试验，将飞鱼的尾鳍剪去，再放回海里，由于它没有像鸟类那样发达的胸肌，不能扇动“翅膀”，所以断了尾鳍的飞鱼再也不能腾空而起了。

飞鱼为什么要飞翔?

一群飞鱼在波光粼粼的海中嬉游，突然，前面出现一条鲨鱼，张开大嘴向它们扑来，飞鱼没有躲避没有畏惧，却迎着鲨鱼游去，在这千钧一发的时刻，它们迅速地振动尾鳍，跃出水面，张开像翅膀一样的胸鳍在水面上飞行。与此同时，腹鳍也随即张开，协助胸鳍进行飞行，使鲨鱼扑了一个空。

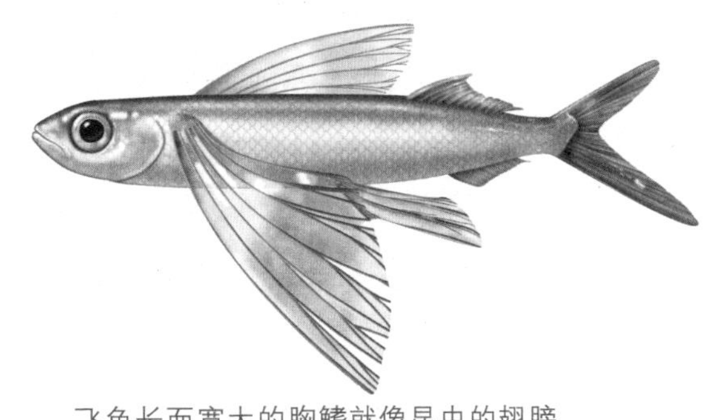

飞鱼长而宽大的胸鳍就像昆虫的翅膀

飞鱼为什么要飞翔？海洋生物学家认为，飞鱼的飞翔，大多是为了逃避金枪鱼、剑鱼等大型鱼类的追逐，或是由于船只靠近受惊而飞。海洋中的鱼类大家庭并不总是平静的，飞鱼作为生活在海洋上层的中小型鱼类，是鲨鱼、金枪鱼、剑鱼等凶猛鱼类争相捕食的对象。飞鱼在长期生存竞争中，形成了一种十分巧妙的逃避敌害的技能——跃水飞翔，可以暂时离开危险的海域。因此，飞鱼并不轻易跃出水面，只有遭到敌害攻击时，或受到轮船引擎震荡声的刺激时，才施展出这种本领来。但有时候，飞鱼由于兴奋或生殖等原因也会跃出水面；有时候飞鱼则会无缘无故地起飞。当然，飞鱼这种特殊的“自卫”方法并不是绝对可靠的。在海上飞行的飞鱼尽管逃脱了海中之敌的袭击，但也常常成为海面上守株待兔的海鸟的“口中食”。飞鱼就是这样有时跃出水面，有时钻入海中，用这种办法来躲避海里或空中的敌害。

在大海中什么鱼游得最快？

在 3 万多种海洋鱼类中，论游泳速度，冠军应是旗鱼。旗鱼在辽阔的海域中疾驰如箭，平日时速达 90 千米，短距离的时速约 110 千米，最佳状态时游速能达到每小时 120 多千米，比轮船的速度还要快三四倍！打个形象的比方，从上海到天津 1300 多千米的海路，旗鱼只要花 10 多个小时的时间就能游完全程。海豚是游泳能手，时速约 60 多千米，但是，它的游速比不上旗鱼。根据游泳速度，海洋动物中前七名的次序是：旗鱼、剑鱼、金枪鱼、大槽白鱼、飞鱼、鳟鱼，然后才轮到海豚。那么旗鱼为什么会游得这么快呢？

旗鱼的嘴巴似长箭，可把水很快往两边分开；旗鱼的背鳍生得奇特，竖起展开时，就像船上的风帆，当它游泳时，便放下背鳍，减少阻力；旗鱼的身体呈流线型，前进时受到的阻力小；尾柄特别细，肌肉很发达，摆动起来非常有力，像轮船的推进器。这些身体结构上的特点，是它创造鱼类游速最高纪录的可贵条件。还有，环境练就了它快速游泳的本领。旗鱼属于大洋性鱼类，海洋里的环境复杂，海流速度很快，如果没有迅速游泳的本领，就要被海流冲走，久而久之，就练出了如此快的游速。

旗鱼最显著的标志就是背上扛着一面大旗。

海参为什么在夏天休眠？

从水族馆观察活海参的外形，其相貌相当丑陋，它那细长圆筒状的躯体，肉多而肥厚，体表长满像肉刺似的东西，无怪乎人们形象地称它为“海黄瓜”。别看海参其貌不扬，生存历史却让人惊讶，它比原始鱼类出现还早，在六亿多年前的寒武纪就开始存在了。

海参常在夏天休眠

海参深居海底，不会游泳，只是靠管足和肌肉的伸缩在海底蠕动爬行。爬行速度相当缓慢，一小时走不了3米路程。它生来没有眼睛，更没有震慑敌胆的锐利武器。既然如此，那么亿万年来，在弱肉强食的海洋世界中，它们是如何繁衍至今而不绝灭的呢？

人们都知道，陆地上的有些动物如蛇、蝙蝠、青蛙、刺猬、熊等都有冬眠的习性。在寒冷的冬季里，水冷草枯，觅食困难，它们只好躲藏

在各自的巢穴中，靠体内的养分维持生存。海参却反其道而行之，偏偏选择在食物丰盛的夏季休眠。就拿刺参来说，当水温升至 20℃时，它便不声不响地转移到深海的岩礁暗处，潜藏石底，背面朝下，一睡就是三四个月。这期间不吃不动，整个身子萎缩变硬，待到秋后才苏醒过来恢复活动。

平日里，海参靠捕食小生物为生，而这些小生物对海水温度很敏感，海面水暖，它们则往上游，水冷则潜回海底。入夏之后，海面暖和，这时生活在海里的小生物，纷纷到上层水域进行一年一度的繁殖，而栖身海底的海参没本事追随。迫于食物中断，只好藏匿石下夏眠了。

海獭为什么随身带着“砧石”？

海獭游泳和潜水的本领十分高强，捕鱼捉蟹时显得非常灵活，这全靠它的脚趾间长着像鸭子那样的蹼，能方便地划水。人们常常看见海獭在水面上仰泳，显得十分悠闲。奇怪的是，它那胖胖的肚子上，总是放着一块扁平的石头。难道海獭喜欢“负重”游泳吗？

贝类是海獭的主要食物之一

海獭经常捕捉小鱼、海蟹、海胆等为食，它长着一副锋利的牙齿，对付这些食物可以说是轻而易举。可是，海獭还特别喜欢吃鲜美的贝类动物，如贻贝、蛤蜊等，要对付坚硬的贝壳，牙齿就有点不够用了。长期以来，人们总以为自己是唯一会使用工具的智慧动物，然而，事实说明，其他动物也会使用工具。

那么海獭是怎样破壳吃肉的呢？聪明的海獭想到了更坚硬的石块。它们在海底抓到海胆或其他软体动物以后，先把猎物挟藏在两个前肢下面的皮囊中，游到水面后仰躺，把随身携带的约有拳头大的方形石块放在胸脯上做砧石，然后用前肢抓住猎物使劲往石头上撞击，击几下以后看一下猎物的外壳是否破碎，若未破碎，则继续用力撞击，直到壳裂肉露为止。有人统计，一只海獭在一个半小时之内可以从海底捕获 54 只贻贝，在石头上撞击 2237 次。饱食以后，海獭把吃剩的食物藏在皮囊中，即使海浪冲击也不会失落，以备再食。海獭干脆随身带着石头游泳，以作为“砧石”随时享用贝肉。

为什么说海鸥是“预报员”？

海鸥是海洋的骄子，港湾的伴娘，轮船的亲朋，海员的密友。当汽笛声划破晨曦的雾霭，海岸线如链带般映入眼帘的时候，第一时间迎候轮船的准是那些翘首的海鸥。祝贺巨轮的平安归航，群鸥飞舞，鸥语争鸣，美丽的海鸥是海员、水兵在海上航行时的安全“预报员”。轮船在海上航行，船队常因不熟悉水域环境而触礁、搁浅，或因天气突然变化而发生海难事故。富有经验的海员都知道：海鸥常栖息在浅滩、岩石或暗礁周围，群飞鸣噪，这无疑是对航海者发出提防触礁的信号；同时它还有沿港口出入飞行的习性，每当航行迷途或大雾弥漫时，观察海鸥飞行的方向，也可以作为寻找港口的依据。当轮船一旦在航行中遇到不测，沉船失事，海鸥会马上集成大群，在失事舰船上空大声吼叫，以引导救援舰船前来援救。

此外，如果海鸥贴近海面飞行，那么未来的天气将是晴好的；如果它们沿着海边徘徊，那么天气将会逐渐变坏；如果海鸥离开水面，高高飞翔，成群结队地从大海远处飞向海边，或者成群的海鸥聚集在沙滩上或岩石缝里，则预示着暴风雨即将来临。海鸥之所以能预见暴风雨，是因为海鸥的骨骼是空心管状的，没有骨髓而充满空气，这不仅便于飞行，又很像气压表，能及时地预知天气变化。此外，海鸥翅膀上的一根根空心羽管，也像一个个小型气压表，能灵敏地感觉气压的变化。

海鸥的脚上有蹼，除了能翱翔天空，还能在水中游泳。

为什么说珊瑚不是石头、鲜花，而是动物？

在大海中，有许多五颜六色的珊瑚，有的像松树，有的像花丛，那里是鱼儿们的天堂。珊瑚是植物还是动物？在过去很长的一段时间里，人们都搞不清它的身份。看它的形状，都认为它是植物呢！曾有生物学家称珊瑚为植虫，也有一些生物学家称珊瑚为植物或者藻类，并把它归入隐花植物类。直到 1723 年，有一位法国科学家对珊瑚进行了解剖，才彻底弄清了它的身体构造，从而确定了它的真实身份。

原来珊瑚不是植物，而是一种低等的腔肠动物，它比单细胞的原生动物和多细胞的海绵动物略高一等。它的构造非常简单，体壁由外胚层、内胚层和两者之间的中胶层组成。身体中央有个消化腔，顶部有个孔，既是口又是肛门。孔周围有许多触手，是捕食的工具。珊瑚有的是单个活动的，而绝大多数的珊瑚聚集在一起，不能自由自在地行动，它们固守在一起，过着群体的生活。波浪和海流从别处带来的浮游生物，是珊瑚虫的食物。当珊瑚虫用它口周围的触手激起一股小小的水流时，小动物们就流进了它的口中，像送上门来的佳肴一样。

珊瑚群体的形状多样，有树枝状、叶状、块状和牡丹花状等。它们具有各种鲜艳的色彩，有红色的、绿色的、紫色的、黄色的、粉红色的和黑色的，丰富多彩。特别是珊瑚虫口周围，生着许多花冠似的触手，更加增添了情趣，犹如万花争艳，形成了海底花园。

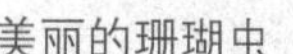
美丽的珊瑚虫

珊瑚虫为什么是最伟大的海洋建筑师？

每一个小小的珊瑚虫都是灵巧的建筑师。珊瑚虫有极其发达的骨骼：有些种类骨骼生在体外，犹如杯状；有的种类骨骼却分散在体内或体外的胚层中，犹如许多棒状、瘤状和六角、八角形的骨针。这些骨骼就是建造珊瑚礁及岛屿的主要材料。珊瑚虫不断地繁殖，主要是以出芽和分裂的方法生殖和繁衍自己的子孙后代的。在繁殖过程中，群体逐渐形成，范围越来越大。它们的骨骼紧紧地连在一起，就这样子子孙孙地繁衍下去，世世代代地积累起来，珊瑚虫死后的骨骼就成为海洋中的礁石和岛屿。海底的暗礁是航船的大敌，万吨巨轮能冲破滔天海浪，却可能毁灭在这些低等腔肠动物的“尸体”上；而沿海的岩礁，却像是海边的天然长堤，使海岸固若金汤。

在我国海南沿海一带，石珊瑚被用来盖房子，非常坚固，便宜美观。珊瑚还可烧制水泥或者用来铺路，台湾很多街道就是用珊瑚铺成的，路面坚固平坦。

珊瑚虫建造的最伟大的工程，自然是珊瑚岛。这些渺小的个体代代堆积，历经千万年的演化，竟可以制造陆地。我国的西沙群岛、太平洋中的斐济群岛，印度洋中的马尔代夫岛，都是由珊瑚堆积而成的。人类填海造出来的陆地，面对这些珊瑚岛显得太渺小了。有人曾经说过：即使是最小的一个珊瑚礁，也远远胜过人类最伟大的建筑功绩。一个大型的环礁结构，它的重量，竟接近于地球上的所有建筑物的总和！

软珊瑚

珊瑚岛为什么在我国仅存在于南海？

南海诸岛可以说是珊瑚虫创造的奇迹。就目前所知，除西沙群岛的高尖石是一个由火山熔岩构成的火山岛之外，其余全部都是由小小的珊瑚虫营造的。那么，为什么在我国只有南海有珊瑚岛呢？

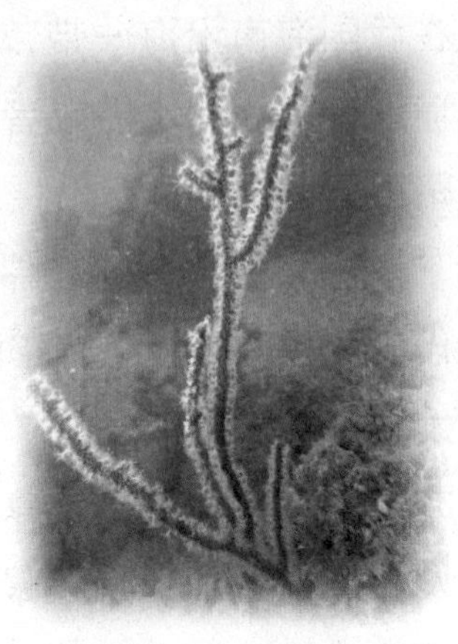
珊瑚虫对生活环境的条件要求非常苛刻

珊瑚虫只有在特定的生活环境中才能生存和繁衍后代，它是海洋生物中最娇生惯养的一种动物：它怕冷又怕黑，怕水淡又怕水浑浊，要求生活在水温18℃～29℃的清洁海水中，水深不超过40米，盐度在36‰最适宜。这样“苛刻”的条件只有地处热带的南海才能达到，而东海、黄海是不具备的。

南海诸岛绝大部分都处在南海海盆的隆起地带以及一些火山堆的顶部。在这些隆起地带，隆起得最高的地方水深最浅，太阳光可以照射到海底，成为珊瑚虫生长繁殖的良好地带。珊瑚虫在这里不断地繁殖生长，它们成群结队地附着在岩石上，分泌石灰质，形成坚硬的外骨骼。老一代珊瑚虫死后，新一代又在“父母”的骨骼之上继续繁殖，继续形成新的石灰质骨骼，胶结并形成巨大的珊瑚礁体。这个过程不断地持续下来，经过千万年，珊瑚礁就可以在隆起的地方形成浅滩、暗礁，甚至成为低平的小岛。这样，在东、西沙隆起的地带，便形成了中沙群岛；在南沙隆起的地带上，便形成了南沙群岛；黄岩岛则形成在南沙地带向北方延伸的隆起地带上。这些群岛之间，就被海槽或海盆隔开。

在色彩缤纷的珊瑚礁世界能看到什么？

在珊瑚礁水下，若把各式各样的珊瑚比作盛开的鲜花，那么，珊瑚礁鱼类便是恋花的彩蝶。它们与珊瑚共同构成了珊瑚礁海域的动人景致，也奏出了海底世界的生命旋律。珊瑚礁鱼不但种类繁多，且多数体态娇小，颜色鲜艳，成为珊瑚礁环境中的娇客。因而也是最吸引珊瑚礁潜游者的原因之一。

人们最熟知的珊瑚礁鱼类，可能要首数小丑鱼了。它们的体色有黄、红、棕黄等，大多有 2 ~ 3 条白色或淡黄色的彩带。它能随意穿梭于海葵的触手丛中，使人联想到马戏团的小丑角色。蝴蝶鱼以其种类繁多，色彩艳丽著称。它们的纹饰也极其多样，或呈纵向、横向、人字条纹，或呈一个或几个黑色斑点，状如眼睛，既增加了美感，又可迷惑敌害不敢轻易侵犯，故有“假眼娇客”的美名。它们更有成双成对活动的习性，为其他鱼类所罕见。因而博得热带鱼饲养者的宠爱。豆娘鱼个体娇小，以天蓝、蓝绿颜色居多，在珊瑚丛中爱成群活动，在礁区潜游时极易看到。

美丽的珊瑚丛是海洋动物的乐园

鲸是怎样谱曲唱歌的?

科学家早就发现鲸会唱歌，它会随着周围环境的特殊变化或本身的生理条件的变化，发出类似嘀咕、怒吼、惊呼或哀鸣等不同的声音。座头鲸所唱的歌是自然界中音调最洪亮、最冗长、最缓慢的。座头鲸的歌音域宽广，音调强烈，它是用轰隆隆的雷鸣般的低音节和呼啸尖锐的高音节结合起来反复鸣唱的。每首歌一般唱 6 ~ 30 分钟。鲸所唱歌的曲调相同，都是独唱，但节奏不一样。所唱的歌隔年更新，逐年演变。一个旧的曲子的出现次数逐渐减少，以新的取而代之。新谱的乐曲，不论增添了什么新的乐章和乐句，各地的鲸均能跟唱，不走调，即使两处水域相隔遥远，也不例外。

当鲸群在长途迁徙回到原地之后，先唱去年的旧歌，然后逐渐更新。在生殖幼鲸期间则另外哼一种曲调。相邻两年的歌比相隔多年的歌更相近。这些复杂的行为和反应，说明鲸的大脑有贮存记忆和产生智慧的能力。

科学家们对奇妙鲸歌的发现，是长期反复地对鲸进行近距离观察和监听的结果，是用水听器直接记录了大量的鲸在水中的声音，然后用电子计算机加以分析比较而得出的结果。

座头鲸张开巨大的鳍肢跃出水面

为什么蓝鲸被称为“兽中之王”？

蓝鲸是世界上最大的哺乳动物，长达 30 多米，体重可达 150 吨以上。蓝鲸的头犹如一座小山，舌头犹如一艘小船——上面能站 50 个人。它的心脏相当于一辆小汽车，婴儿可以钻过它的动脉血管。蓝鲸的力气可以与火车头相抗衡，蓝鲸的尾巴扁平又宽大，这是它前进的原动力，也是上下起伏的升降舵。由前肢演变而来的两个鳍肢，保持着身体的平衡，并协助转换方向，这使它的运动既敏捷又平稳。蓝鲸的肠子足有半里路长。目前捕到的最大蓝鲸是在 1904 年大西洋的马尔维纳斯群岛附近捕获的。这条蓝鲸长 33.5 米，体重 195 吨——相当于 35 头大象的重量。这样大的躯体只能生活在浩瀚的海洋中。据说，曾有一艘

一头蓝鲸浮出水面呼吸时产生了巨大的漩涡

20 多米长的现代化捕鲸船，用鲸叉叉到一头雌蓝鲸后，想要全速把它拽往岸边，可是这头蓝鲸竟然拖着捕鲸船跑了 8 个小时，行程足有 90 多千米。

蓝鲸是胎生动物，繁殖季节时，它们在波涛汹涌的大海中产下幼鲸，幼鲸一出生就有 7 米长、7 吨重。出生后的 7 个月内，幼鲸每天要喝 400 升母乳，一天体重可增加 100 千克左右。到了六七岁，幼鲸完全成熟，也可以生儿育女了，它的寿命少则二三十岁，多则百岁。蓝鲸嘴里没有牙齿，上颌两侧生有两排板状须，像筛子一样，所以又叫须鲸。它最爱吃磷虾，觅食时，大嘴一张，大量小虾随海水鱼贯而入，然后它把嘴一闭，海水从须缝中挤出，把虾留在嘴里，然后全部吞入腹中。

为什么说蓝鲸有着惊人的胃口？

从蓝鲸的大嘴巴，就可以推测出它的胃口有多大。即使是一头大象，到了蓝鲸的大嘴巴里，也会显得很渺小。也许大家会想，蓝鲸每天都要捕捉很多大鱼，才有可能填饱肚子吧。其实，蓝鲸每天的食量虽然很大，但它们几乎从来不吃超过几十厘米长的鱼。在它的食谱上，永远只是几厘米长的小虾和小鱼，以及水母、硅藻和各种浮游生物等。

原来，蓝鲸没有牙齿，只在上颌长着800多条骨质的须板，它们像梳子一样挂在嘴上。每当蓝鲸张开巨嘴，小鱼、小虾就会和海水一起涌进来。然后，蓝鲸闭上嘴巴，海水就会从鲸须的缝隙中流出，而小鱼、小虾却统统留在了嘴里。

蓝鲸喜欢吃小鱼、小虾，是非常明智的选择。它虽然有着庞大的体形，却长着极不相称的喉咙，喉咙的直径极小，稍微大一点的鱼根本就咽不下去。不过，蓝鲸虽然只吃小鱼、小虾，它的胃口却实在是大得惊人。它的胃分成4个，第一个胃是由食道部分膨大而变成的。因此它一次可以吞食磷虾200万只，每天要吃掉4～5吨食物，如果腹中的食物少于2吨，就会有饥饿的感觉。就拿蓝鲸最喜欢吃的磷虾来说，一条成年的蓝鲸，一顿就可以吃掉1吨磷虾。幸好海洋中磷虾的数量多得不计其数，才使巨大的蓝鲸不至于饿肚子。

成年蓝鲸的身体非常庞大

小虎鲸为什么敢攻击大蓝鲸?

虎鲸是一种大型齿鲸，由于性情十分凶猛，因此又有恶鲸、杀人鲸等称谓。虎鲸猎食的对象主要是各种海洋兽类，如海豚、海豹、海狮、海狗、海象等，有时也捕食企鹅、乌贼和鳕鱼、鲆鱼、鲽鱼、鲭鱼、沙丁鱼等各种海洋鱼类，曾有一头虎鲸连续吃掉了 13 只海豚和 14 只海豹。成群的虎鲸甚至敢攻击比其大 10 倍的蓝鲸，情景与狼群围猎孤鹿十分相似。

如果你的运气好，就可以在海面碰到这样的情景：一条 30 来米长的蓝鲸，被几十头虎鲸包围攻击着！这群虎鲸就像一群饿狼一样凶残，不停地扑向庞大的蓝鲸！而庞大的蓝鲸只能用巨大的尾鳍拍打和躲避这群凶恶的强盗。大约半小时之后，蓝鲸体力渐渐不支，只见一条条虎鲸，一口一口地从蓝鲸身上将肉撕下吞进腹内。蓝鲸疼得在海水中翻腾、挣扎！很快海水变成了殷红色。不到 1 小时，这群虎鲸饱餐而去，海面又恢复了平静，海水中漂浮着蓝鲸千疮百孔的尸体。

那么，小虎鲸怎么敢进攻世界上最大的动物——蓝鲸呢？俗话说“好虎架不住一群狼”，何况蓝鲸不是“虎”，它是靠吞食小鱼小虾和藻类而生存的。而虎鲸却真是一群“狼”，它们身强体壮，上下颌每侧生长着 10 ~ 13 颗圆锥形尖锐的大而有力的牙齿，这是它捕杀其他动物的强大武器。加之虎鲸群居，常以 3 ~ 4 头一小群，或 30 ~ 40 头一大群进行集体捕食，当然庞大的蓝鲸也不在话下了。虎鲸虽然性情凶猛，但对自己的子女却很温柔。

为什么抹香鲸的头部长那么多油？

抹香鲸不同于一般鲸的特征，那就是它的头部特别大，呈方形，占体长的四分之一左右，头里藏满了鲸油，可达六七吨之重呢！为什么抹香鲸的头部会有这么多的脂肪呢？起什么作用呢？

抹香鲸的头很大，占体长的四分之一，里面藏满了油

生物学家认为，抹香鲸和海豚一样，是用回声定位法探测游动方向、寻觅猎物的。头部的脂肪就像一个透镜体，能够起到回声探测器的作用，把复杂的回声折射成灵敏的探测声，这样就能使它准确地探测到猎物的方向及数量。因为抹香鲸的食量特别大，而它捕捉的食物大多为深海区的章鱼、乌贼等，且那里鱼类繁多，所以，接收声波的能力必须超过其他鲸类，经过千万年的进化，抹香鲸的这种探测能力不断增强，头部的脂肪体就越来越多。

头部巨大脂肪体的另一个作用是起浮力调节器的作用。抹香鲸的主要捕食对象章鱼和乌贼都生活在深海区，所以它必须用较长时间潜入水中，而且要潜入海洋深处。它头部的大量脂肪就起一个浮力调节器的作用，使它能从海洋深处迅速升到海面进行呼吸，这时脂肪体可以帮助它从深海区迅速上升，减少了沉浮的时间，赢得了更多的捕食时间。

还有一个作用是，抹香鲸头部的油脂具有很强的吸收氮气的能力。在海面呼吸时，脂肪中就会溶解和贮存大量的氮气，当它上浮时，脂肪体就分解出氮气来，填充体内的几个气腔，使它加快上浮速度。

为什么抹香鲸能产生龙涎香？

龙涎香是一种名贵的动物香料，有“天香”“香料之王”等美誉。

抹香鲸浮出水面时就像漂浮在水面的一段木头

龙涎香的香味清新，既含麝香气息，又微带壤香、海藻香、木香和苔香，有着一种特别的甜气和说不出的奇异香气。作为固体香料它可保持香气长达数百年。历史上流传有龙涎香“与日月共长久”的佳话。那么，如此美好的东西是怎样产生的呢?

原来，抹香鲸最喜欢吞吃章鱼、乌贼等动物，而章鱼类动物体内坚硬的“角喙”可以抵御胃酸的侵蚀，在抹香鲸的胃里不能消化，如直接排出体外的话，势必割伤肠道。于是，在千万年的进化中，抹香鲸慢慢适应了这种“饮食”习惯，它的胆囊能够大量分泌胆固醇进入胃里，将这些“角喙”包裹住，形成罕见的龙涎香，然后再缓慢从肠道排出体外，有的抹香鲸也会通过呕吐排出，稀世香料就这样产生了。

奇怪的是，刚刚诞生的龙涎香不仅不香，反而奇臭无比。它需要在海波的摩挲下，在阳光的暴晒下，在空气的催化下，臭味才能慢慢消失，然后淡香出现，逐渐变得浓烈；颜色相应也会由最初的浅黑色，逐渐地变为灰色、浅灰色，最后成为白色。白色的龙涎香品质最好，只是它往往需要经过百年以上海水的浸泡，将杂质全漂出来，方可“修”为上品。可见，最美好的东西往往需要经过最痛苦的磨炼！

为什么海面会出现鲸喷水的奇观？

在浩瀚的海洋上，你会不时地看到鲸喷出的银白色水柱，像喷泉一样十分漂亮。鲸为什么会喷水柱呢?

原来，鲸不属于鱼类，而属于哺乳类。鲸虽然生活在海水中，但仍须用肺呼吸大气中的氧气。鲸的肺很大且具有弹性，如蓝鲸的肺重约 1500 千克，肺内可容纳 15000 升空气。而且体内具有能贮存氧气的特殊结构，因此可以使鲸不必时刻浮在水面上呼吸空气，一般每隔十几分钟，鲸会露出水面呼吸一次。鲸的鼻孔和别的哺乳动物不同，它没有鼻梁，鼻孔开在头顶两眼之间。换气时，先要把肺中含大量二氧化碳的空气排出体外，由于强大的压力，喷气时发出很大的声音，强有力的气流冲出鼻孔时，把海水带到空中，在蔚蓝色的海面上就出现了喷泉。

在寒冷的海洋里，鲸肺内的湿空气比海洋温度高，喷出时遇冷而凝结成小水珠，也会形成喷水柱。鲸在深水里时，肺中气体受到强大的压力，压缩的气体有力地扩散，也形成了喷水的现象。根据鲸喷出水柱的形状、大小和高度，还能判断出鲸的种类和大小呢！

有经验的渔民能根据喷水的高度和大小判断出鲸的种类

鲸为什么会“集体自杀”？

我们在新闻报道中经常会看到这样的画面：上百头鲸冲上海滩，它们在岸上使劲拍打着尾巴，拼命地喊叫。人们想尽办法往大海里赶，都没有成功，只能看着它们一头一头死去……自古以来，鲸“集体自杀”被看作是一个解不开的自然之谜。

有的科学家认为：“鲸集体自杀，是它们身上的回声定位系统失灵了。”什么叫回声定位？原来鲸的眼睛不太灵敏，看不远。为了探清水下的道路和寻找食物，它们不断地向四周发出声音。这些声音碰到物体以后就被反射回来，鲸根据反射回来的声音可以判断方位和寻

一只鲸在海滩上搁浅了

找目标。如果鲸的回声定位系统失灵了，它们就会因为找不到前进方向，而硬往岸上冲。

鲸的回声定位系统怎么会失灵呢？科学家们设想了许多可能。有的人认为鲸“集体自杀”的地点，大多在地势比较平坦的海滩，那里堆积了很多泥沙，水很浅，鲸的喷气孔又不能完全浸没在水里，这些都妨碍了鲸的回声定位系统的功能，使得鲸不能对周围的环境做出准确的判断。

也有人认为，鲸群可能听到了水下异常的声音，比如水雷爆炸和水下火山的爆发，它们受到惊吓，闯上了浅滩。还有的人在一些死去的鲸的脑袋和耳朵中发现了许多寄生虫，他们认为也许是这些寄生虫破坏了鲸的回声定位系统。究竟是什么原因，目前还不清楚。

那么，鲸为什么常常几十头甚至几百头“集体自杀”呢？原来，最早遇难的鲸会不断发出呼救信号。鲸是习惯成群生活的，从来也不肯丢弃遇到危险的伙伴，只要它们一听到这种信号，就会奋力去抢救，结果造成了集体死亡的悲剧。

如何解释独角鲸的长牙之谜?

很多世纪以来，科学家们一直对产于北极地区的鲸——独角鲸迷恋不已，同时又困惑不解：这种身材并不大的鲸竟然长着长长的螺旋状牙齿，最长的可达 2.7 米！过去，人们把独角鲸看成是传说中的独角兽的化身，一些国家的王室甚至把鲸牙当成驱魔与解毒的工具。独角鲸的这根长牙究竟有什么用处呢?

虽然名为“独角鲸”，但它前部伸出的那根长长的东西并不是角，

几只独角鲸用它们特有的长牙在相互问候

而是牙。独角鲸的超长的牙不仅非常强健，还非常灵活，它可以朝任何方向弯曲 30 厘米！独角鲸的长牙可能是一种水中感觉器官，它含有一个密集的神经系统，可以收集保证独角鲸在北极地区冰冷的水里生存下来的重要信息。研究人员表示，独角鲸的这一神经系统能探测温度、压力、运动和化学污染的程度，比如盐与水的比例，由此可以知道某一水域中是否有它们的美食。这些长牙可能具有触觉功能，独角鲸通过互相触动长牙，确认另一头同类的身份，并与之交流。独角鲸的牙齿还有一个独特的地方，就是有性别之分。这种长牙在雄性独角鲸上很常见，而个别雌独角鲸也会长，不过很短。

此外，同大象和疣猪的弯曲牙齿不同的是，独角鲸的牙齿天生就是直的，上面有螺旋花纹，绕着同一个轴心向左旋转。科学家猜测，这种螺旋式长牙可能使破裂降到最低程度，有助于长牙在独角鲸发育阶段长得更直。

为什么嗜杀的虎鲸会成为池中的“乖演员”？

虎鲸体长8～9米，行动迅速，智力又高，是海里最可怕的嗜杀动物。不论是鱼类、海豹、海象还是企鹅，凡是被它抓到的都休想逃命，而且，海豚也是它很爱吃的食物呢。有人就在一头虎鲸胃里发现了多达 13 只海豚！

虎鲸在行动时爱成群结队，每队少的 3 头，多的达到 40 头。它们的背鳍高高竖立着，很像古代的兵器——戟，所以它又叫逆戟鲸。当它们出发觅食时，排着队急速地游着，有时还会跃出水面，真像一支训练有素的“舰队”呢！这样一支杀气腾腾的队伍，谁见了不躲得远远的呢？但出乎意料的是，这样的海中恶魔居然能跟人友好相处，还会在被人驯服后进行精彩的表演哩！

在香港的海洋公园里，有一头名叫海威的虎鲸，重 800 多千克，别看它块头大、相貌凶，但是在训练员的精心训练下，却学会了不少技艺。它既会唱又会玩球，还能在水中跳自己独创的急步旋转舞——用尾部击水，使身体直立起来，直到只有尾部在水下，整个身体露出水面转动起来。如果它心情愉快，还能让训练员骑在背上，在池子里飞快地兜上几圈。每次训练结束后，它还会和训练员握手（当然，它没有手，只有胸鳍），并做“鲸鱼式”的吻别哩！

动物学家所以敢把虎鲸介绍给那些训练员，让它们充当很有吸引力的“演员”，是因为掌握了这么一条规律：虎鲸一旦离开了同类，单独生活时就变得胆小起来。

一只调皮的小虎鲸跃出水面

南极企鹅为什么不怕冷?

小企鹅的身上落满了雪花，但它们并不怕冷

考古学家推测，企鹅在6000多万年以前就出现在地球上了。那时，南极大陆离赤道比较近，气候比现在要温暖得多。后来，南极大陆逐渐向南漂移时，气温慢慢下降，许多动物由于不能适应寒冷的环境而被淘汰。而生活在南极大陆上的企鹅，为了适应当地严寒的环境，其生理特征也发生了相应的变化：它们的羽毛呈鱼鳞状，彼此重叠，厚厚的绒毛能容纳大量的气体，形成绝热的保护层，同时皮下脂肪十分厚，具有良好的保温性能。另一方面，企鹅通过两种机制来防止脚被冻坏。一是通过改变动脉血管的直径来调节脚内的血液流量。当寒冷时，减少脚部的血液流量；当比较温暖时，增加血液流量。此外，企鹅双脚的上层还有一种“逆流热交换系统”，向脚提供温暖血液的动脉分出许多的小动脉分支，同时，在脚部变冷时，动脉小血管内温暖血液的热量就传递给了与之紧贴的静脉小血管内的逆流冷血。这一套特殊的生理构造，使它们能在零下数十摄氏度的低温环境下捕食、抚育后代。

企鹅都在迎风的高处做窝。这里的风雪十分大，雪被吹走，卵不会被雪埋掉。当风猛烈地横扫大地时，成千上万的企鹅眯着眼睛瑟缩于雪海之中，保护着身下的小生命，其尽职尽责的场景令人十分感动，南极企鹅不愧是寒冷世界的“勇士”。

南极海豹也会说方言吗？

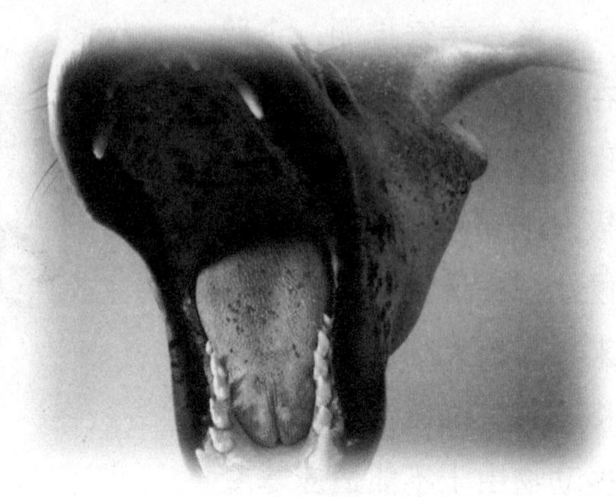
海豹张开它那血盆大口

南极洲素有“海豹之乡”的称号，特别是那嘴旁长着两丛疏密有致胡须的威德尔海豹，性情温和，憨态可掬，十分惹人喜爱。几年前，美国和加拿大科学家对栖息在南极半岛海域和麦克默多海峡两个不同地区的几百只威德尔海豹从海中发出的声音进行了分析，结果发现了一个十分有趣的现象：这两群海豹之间不仅有双方可以理解的“普通话”，而且也有各自的“方言”。

据统计，南极半岛海域的海豹语言由21种叫声组成，在这两组叫声中，有一些是相同的或极为相似的音节（主要是单音节），这就是海豹的共同语言。不过，南极半岛海域的海豹在发出这些音调时，要比麦克默多海峡的海豹发出的音调低沉而短促。当然，有些生活在麦克默多海峡的海豹发出的单音节是南极半岛海域的海豹所听不懂的，这就是前者的独特方言。与此同时，南极半岛海域的海豹也发展了它的奇特的发声技能，形成了麦克默多海峡的海豹所听不懂的语言，即自己的方言。由此可见，这两群同种威德尔海豹之间，除了普通话之外，也存在差异明显的方言。

由于人们传统地认为语言是人类的特点，因而对客观存在的动物语言研究甚少，所知甚微。科学家正致力于研究和理解海豹的独特方言，充当动物语言的合格译员，这对于探索动物世界的生活方式和社会奥秘有着重要的意义。

鲨鱼是怎样发现猎物的？

一提到鲨鱼，人们就会把它同“海中强盗”这个称号联系起来。其实，在海洋中有300多种鲨鱼，危害人类的只有20多种，大部分鲨鱼都性情温和，生活在海底，以小鱼虾和贝类为食。而性情凶残的鲨鱼一般都口大齿利，嗅觉发达，对血腥味特别敏感。

鲨鱼的眼睛虽然退化成瞎子一般，但是它的耳朵和鼻子非常敏锐，耳朵可以听到远方猎物的声音，鼻子能嗅到附近猎物的味道。因而，人们一般认为鲨鱼捕食靠的是听觉和嗅觉。科学家把鲨鱼爱吃的比目鱼用不透明的琼脂包裹起来，让它既不能活动又没有气味透出来，但鲨鱼照样能准确地把比目鱼拖出来。后来，人们又用绝缘的胶布在琼脂外再包一层，这时鲨鱼就无法发现猎物了。由此可见，鲨鱼除了有敏锐的听觉和嗅觉外，它还有一种远远高于听觉和嗅觉的能力，靠这种能力它才能发现猎物。

原来，鲨鱼的鼻尖及脸颊上长着一个特殊器官，叫作电场感应器，能检测出小至0.01微伏的电压来。当水中生物发出的微电流传到鲨鱼的电场感应器时，它就可以判断电流发生的方位，而测出猎物所在的地方来，进而将其捕食。在某些种类的鲨鱼中，这种能力非常强大而准确，它们能够发现躲藏在沙子里的小鱼，因为即使在沙子底下，小鱼的肌肉也在伸缩，会产生一种电场，这种电场对其他动物来说非常弱，几乎感觉不到，但对鲨鱼来说已经足够强了。这种能够探测到电流的能力被称为鲨鱼的“第六感”。

鲨鱼的嗅觉非常灵敏

为什么说鲨鱼靠利齿称雄?

大白鲨是目前为止海洋里最厉害的鲨鱼，以强大的牙齿称雄。鲨鱼的牙齿形状繁多：噬人鲨的牙齿边缘具有细锯齿，呈三角形；大青鲨的牙齿则大而尖利；而鲸鲨虽躯体庞大，但它的牙齿却是短细如针；锥齿鲨的牙齿呈锥状，长而尖；长尾鲨的牙齿则是扁平的呈角状；姥鲨的牙齿既细小而又多似米粒；虎鲨的牙齿宽大呈臼状等，这与其生态食性是密切相关的。

一只海鸟即将成为鲨鱼的腹中之物

令人惊讶的是鲨鱼的牙齿不是像海洋里其他动物那样恒固的一排，而是具有 5 ~ 6 排，除最外排的牙齿才是真正起到牙齿的功能外，其余几排都是“仰卧”着为备用，就好像屋顶上的瓦片一样覆盖着，一旦在最外一层的牙齿发生脱落时，在里面一排的牙齿马上就会向前面移动，用来补足脱落的牙齿。同时，鲨鱼在生长过程中较大的牙齿还要不断取代小牙齿。因此，鲨鱼在一生中常常要更换数以万计的牙齿。据统计，一条鲨鱼在 10 年以内竟要换掉 2 万多颗牙齿。

鲨鱼的咬食力可以说是海洋动物中最强的。有些商轮在航海日记上曾记载过轮船推进器被鲨鱼咬弯、船体被鲨鱼咬个破洞的事故，这也就不是什么奇怪的事了。

在海里遇到鲨鱼该怎么办?

一提起鲨鱼，人们就会想到这是嗜杀成性、残暴凶恶的“海中霸王”。其实，在目前人们已知的300多种鲨鱼中，已被证实会攻击人类的只有噬人鲨、乌翅真鲨、尖吻鲭鲨、灰真鲨、大青鲨、太平洋鼠鲨和澳洲真鲨等20多种。每年世界上被鲨鱼吞食或弄成残废的人数不足300人，这个数字远远不及全世界每年因车祸事故而伤亡的人数。因此，人们进入鲨鱼生活的海洋里，要比乘汽车的危险小得多。

在海洋中，绝大多数的鲨鱼是不会攻击人的。就以世界鲨类冠军——鲸鲨来说吧，人们以每小时4千米的游速前进，才能够跟得上鲸鲨的游速。当鲸鲨停止游动而下沉时，潜水员还可以爬上它的背部，摸摸它的粗糙的皮肤，看看它的大嘴巴里边，可是这条鲸鲨无动于衷，显出一副无所谓的样子。一些专门研究鲨鱼行为的科学家认为，鲨鱼不像陆地上的猛虎那样会有意识地猎食，而是在海洋里巡游时，顺便吃掉碰到的食物，如弱小、受伤、死亡的动物。但是鲨鱼的鼻子十分灵敏，听觉也很好，血迹和游泳者拍打海水的声音，都会吸引它从远处游来觅食。另外，突然的猛烈动作也会引起鲨鱼的攻击。

人们掌握了鲨鱼的生活习性和活动规律，就可以尽量避免意外事故。在海滨游泳时，如果在浅水处发现鲨鱼，应站住不动，即使鲨鱼游近了，也不会攻击你；如果在深水里碰到鲨鱼，先不要惊慌，用平衡的动作踩水，一般它也不会主动发起攻击；至于潜水员们则应佩带水下手枪，在万不得已时，可以毙杀鲨鱼。

为什么鲨鱼和鳄鱼会激烈争战?

鳄鱼的牙齿很锋利，是捕猎食物和自卫的武器

在炎热的6月的一天，夜幕即将来临，非洲莫桑比克的一位汽车司机帕乌利诺驱车沿着赞比西河岸边的小道行驶，这条河的拐弯处是通向海洋的出口。天很热，帕乌利诺想洗个澡，就把汽车停在河边。外衣一脱，他就跳进河里。怪事发生了：河水开始汹涌起来。他有点害怕，就回到岸上。他居高临下，一眼就望见有十几条鳄鱼像小船一般并排游着，而迎着鳄鱼游来的竟是几条形似利刃的鲨鱼。它们越游越近，最后爆发了一场战斗。

总共有十几条鳄鱼和5～6条鲨鱼参加了这场大战：两眼发红的鲨鱼，用嘴死死咬住鳄鱼的肋部。那些鳄鱼则回过头来张着大嘴，企图一口咬住鲨鱼的身体和双鳍。正当一条大鲨鱼张开嘴时，就被一条鳄鱼咬住了下颌，这时，那条鲨鱼顾不得疼痛，用露出两排锋利的锯齿形牙齿的上颌反咬鳄鱼的大嘴，很快在水中就泛起了一股股殷红的泡沫。河水也被这场大厮杀搅得像沸腾了似的……后来，这些海洋霸王和淡水霸主都钻到河水的深处，不久，河里又恢复了平静。

鲨鳄大战虽然罕见，却是可能发生的。因为，这两种凶猛动物分布区的边界是相接的，生活在印度洋中的鲨鱼游到莫桑比克赞比西河的入海口时，就侵入了鳄鱼的领地。领地的主人（鳄鱼）对外来入侵者（鲨鱼）做出反应，也是可以理解的。

鳄鱼的胃里为什么会有石块？

某些禽类如鸡爱吞食沙粒和碎石，在鸡的胃里可以找到很多沙粒和碎石。鸡就是利用这种沙粒和碎石来磨碎食物的。有趣的是，某些鳄鱼也是这样的，只不过它不是吞食沙粒而是吞食石块。

英国学者柯特博士研究尼罗河鳄的生活时，发现鳄鱼吞食了很多石块，甚至栖居在淤泥和沙土地区的鳄鱼，胃里也能找到石块。鳄鱼为了寻觅石块，有时不得不做长途旅行。这一点说明石块是鳄鱼的必需品。看来鳄鱼也是用石块来磨碎猎物的骨头和硬壳的。因为鳄鱼的胃很柔弱，甚至连水蜗牛脆弱的壳都不能破坏。

鳄鱼的堂兄弟扬子鳄是我国的珍稀动物，人们在解剖扬子鳄的时候，也能看到里面有不少砾块，凡是胃里食物多的时候，砾块也多，等到食物消化以后，砾块也就减少。显然，胃里的砾块也有帮助磨碎食物的作用。可见，鳄鱼吞石块，在人们看来是不可思议的事情，但对它本身来说，是非常必要的，是生活之需。

石块的重量约为鳄鱼体重的百分之一，这个百分比并不随鳄鱼年龄的增长而有所改变。观察表明，胃中没有石块的幼鳄，潜水能力大大落后于吞了石块的同伴。根据这一点，可以推测，石块不但能帮助鳄鱼磨碎食物，而且还起“镇仓物”的作用。这种“镇仓物”使鳄鱼便于潜伏水底和在水底行动，不致被湍急的水流冲走。石块还有助于鳄鱼把大的猎物拖到水里。

两只鳄鱼正在水中嬉戏

鳄鱼为什么边吞食动物边流眼泪?

鳄鱼身披盔甲、体大、生性残暴，常常捕杀鱼类和蛙类，甚至噬杀人畜。然而，鳄鱼常在进食的时候流出大滴的眼泪，但这纯粹是出于生理原因，并非虚伪的忏悔。人们总是用“鳄鱼的眼泪”来比喻那种假仁假义的伪君子虚伪的忏悔。那么，鳄鱼真的会流眼泪吗？

生物学家早就发现许多动物以眼眶附近的盐腺在排泄体内多余的盐分，他们把鳄鱼的眼泪收集起来进行化验后发现，这些眼泪里面的盐分很高，所以推测鳄鱼流泪只是为了排泄体内多余的盐分。但鳄鱼眼泪的含盐量比海龟、海蛇等海洋爬行类的盐腺分泌物的含盐量明显要低，所以这个结论并不可靠。后来，科学家观察到鳄鱼舌的表面会流出一种清澈的液体，发现这才是鳄鱼盐腺的分泌物。随后他们对鳄鱼的舌头做了解剖，在舌头的黏膜上发现了盐腺，其构造和其他海洋爬行动物的盐腺，特别是海蛇舌下的盐腺很相似。

如此看来，鳄鱼是通过舌上分泌液而不是眼泪来排泄盐分的。那么鳄鱼的眼泪起什么作用呢? 鳄鱼通常是在陆地上待了较长时间后才开始分泌眼泪，是从瞬膜后面分泌出来的。瞬膜是一层透明的眼睑，鳄鱼潜入水中的时候，闭上瞬膜，既可以看清水下的情况，又可以保护眼睛。瞬膜的另一个作用是滋润眼睛，这就需要用到眼泪来润滑。鳄鱼在陆地上进食时伴随着吹气，压迫鼻窦中的空气和眼泪混合在一起流出来，这才是鳄鱼流泪的真相。

鳄鱼是卵生动物

大王乌贼的本领有多大？

大王乌贼是一种性情凶猛的海洋动物

“海伦”号巨型帆船远航了，人们在海岸上向它挥手告别。它一帆风顺地在海面上行驶，无限宽阔的海面显得那么平静。突然，船的航速减慢下来，最后干脆停止不动了，可是帆船并没有什么故障。水手波利来到甲板上察看动静，他发现一只从未见过的巨大腕足搭在船舷上，他惊恐万分，很快找来一把利斧，向腕足剁去。然而几条更大的腕足从海中伸出来，攀住船体。船员们闻讯赶来，用各种利器砍断腕足。海面上波浪滔天，船体摇晃得几乎离开水面，受伤的腕足抽搐着缩了回去，一条巨大的乌贼浮出海面，“海伦”号乘机逃离了虎口。一般的乌贼并不大，在 10 ~ 20 厘米之间，可有一种大王乌贼却大得可怕。它身体长达 18 ~ 22 米，如果平躺在地上，巨大的腕足可摸到6层楼，几条腕足粗如腿，上面布满几百个比碟子还大的吸盘，吸盘周围还长满锯齿。遇上食物，它先用腕足缠住吸住，再用口中的齿舌撕咬，猎物顿时成为肉酱。它喷出的墨汁可以染黑 100 米内的海水，而且具有麻醉作用。依据它们的吸盘留在鲸类皮肤上的痕迹判断，最长者可达 45 米。大王乌贼性情凶猛，敢与巨大的鲸鱼搏斗，还经常攻击渔船和巨轮，它巨大的腕足能把船上的人卷下海，如果遇上小船，就会连人带船一起拖进海里，因此成为海洋中最可怕的恶魔。

剑鱼为什么能穿透铁甲板?

一天，英国的“列波里特号”军舰在离开英国利物浦港口600海里的海面高速航行时，突然“嘭”的一声，军舰的铁甲板被撞出了一个洞，随后海水涌进了舰舱。人们以为遭到了伏击，舰长立即下达命令，准备战斗！船上的气氛立即紧张起来，就像弦上的箭在待发。修补窟窿的几个士兵发现，这窟窿既不像水雷炸的，也不像鱼雷击的，更不像什么机关枪之类射的，又找不到什么弹头弹片，这是怎么回事呢？就在这时，只见海面闪过一道白色的浪花，军舰的甲板又随着“嘭”的一声，被撞出了一个窟窿！有经验的舰长，立即下达停舰布网的命令。又过了一阵子，海面上又闪过一道白色浪花，舰长命令起网，果然抓到一条鱼。那么，这是一条什么鱼？它又是如何撞破铁甲板的呢？

剑鱼

大家起网一看，原来是一条剑鱼。这种鱼长得很像无鳞的带鱼，不仅体形很长，两颚长有很多强而有力的牙齿，特别是它的头部，还长着一根特别尖长的利剑！就是这根尖长的利剑，将铁甲板击穿的！当然，它那像带子一样的长身体和发达的肌肉，能像箭一样游泳击水，这就是它能击穿铁甲板的力量来源。有人比喻剑鱼的游速跟来复枪射出的子弹速度差不多，其效果和射出的子弹一样厉害，这样形容并不过分。剑鱼游泳的最高时速可达103.8千米，由于它游得迅速，来不及避开船只，与船冲突的纪录很多。剑鱼的利剑往往刺进木船拔不出来，要使它恢复自由除非折断吻部。

海葵为什么是海中的美丽杀手？

海葵看上去好似一朵无害的柔弱的鲜花，但实际上却是一种靠摄取水中的动物为生的食肉动物。它的呈放射状的两排细长的触手伸展开来，在消化腔上方摆动不止就像一朵朵盛开的花，非常美丽，向那些好奇心强的游鱼频频招手。海葵有着各种各样的颜色，绿的、红的、白的、橘黄的、具斑点或具条纹的或多色的，这么鲜艳的色彩来自哪里呢？一是自身组织中的色素，再就是来自与其共生的共生藻。共生藻不仅使海葵大为增色，而且也为海葵提供了营养。生活在热带珊瑚礁中的几种海葵，白天伸展着有色彩的部分使共生藻充分进行光合作用，到了晚上触手才伸出来捕食。

漂亮的海葵

触手的多少因种类而异，数目均为6的倍数，具有摄食、保卫和运动的功能。虽然触手不能主动出击获取猎物，但是当触手一旦受到刺激，哪怕是轻轻的一碰，它都能毫不留情地捉住到手的牺牲品。海葵的触手长满了倒刺，这种倒刺能够刺穿猎物的肉体。它的体壁与触手均具有刺丝胞，那是一种特殊的有毒器官，会分泌一种毒液，用来麻痹其他动物以自卫或摄食。看来，对小鱼来说，海葵鲜艳动人的触手其实是一种可怕的美丽陷阱。海葵所分泌的毒液，对人类是有一定伤害的，如果我们不小心摸到它们的触手，就会有刺痛或瘙痒的感觉。假如把它们采回去煮熟吃下，会产生呕吐、发烧、腹痛等中毒现象。因此，海葵既摸不得也吃不得。所以说，海葵是名副其实的美丽杀手。

乌贼为什么也会飞行?

在海洋中，有好几种乌贼能从海里跃起，像飞鱼一样在空中飞行一定的距离，甚至也能飞到船的甲板上，有海上“活火箭”之称。但乌贼通常都是贴着水面飞行，飞行高度不超过 1 米，难以和飞鱼相提并论。

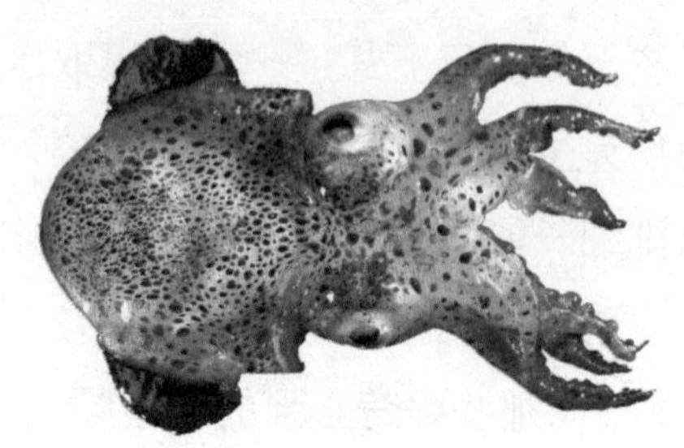
大西洋耳乌贼

乌贼是如何飞行的呢？我们知道，乌贼在水里的游泳姿势与众不同，它是头朝后、身体向前倒退前进的，据称最大游速可达每小时 100 多千米。

乌贼飞行的动力来自颈部的特殊管道——水管向外喷水而获得的反作用力，因此乌贼也是躯干向前倒退飞行的，这同它在水中调整游动时的姿势一致。在飞出水面之前，乌贼在水中将腕足紧紧叠成锥形，长长的腕足伸直，长在身体后部的鳍紧紧贴住外套膜，把摩擦阻力减少到最低程度。一切准备就绪后，乌贼便以喷射的方式剧烈运动，当达到最大速度时，乌贼就斜着身子向上急冲，猛跃出水面。

在空中，乌贼立即将鳍尽量展开。支持乌贼飞行的空气动力作用在鳍面中心，鳍尾则在空气的压力下向上卷起。飞行时，乌贼的第二对腕和第三对腕最大程度地张开成拱状，并张开腕的保护膜，盖住岔开的腕之间的地方，从而形成独特的“前鳍”。这样，乌贼的头部和躯干部都有了空气动力作用面，所以乌贼的飞行快速而平稳，其飞行速度可达每秒 9 米 ~ 12 米，甚至达到每秒 15 米，几乎相当于飞鱼的速度。当飞行速度逐渐减缓时，乌贼就折叠起鳍和腕，又一头扎进海里，继续以喷射方式游来荡去。

小盲鳗为什么能吃掉大鲨鱼?

鲨鱼是海中的霸王，让其他鱼闻风丧胆，落荒而逃。但是鲨鱼也有克星，那就是盲鳗。盲鳗细长的体型似鳗，通常也只有鳗鱼一般大小。盲鳗的口像个椭圆形的吸盘，里面长着锐利的牙齿。当盲鳗用吸盘似的嘴吸附在鲨鱼身上时，这位残暴的君主并没有意识到自己的危险。盲鳗紧贴在鲨鱼身上，随它四处游弋，时间一长，鲨鱼就放松了警惕。

盲鳗常常用吸盘似的嘴吸附到其他鱼的身上

吸附在鲨鱼身上的盲鳗开始一点一点向鲨鱼的鳃边滑动，突然盲鳗悄悄地从鳃边钻进了鲨鱼的体内，鲨鱼这时也已经感觉到不大对劲了，但为时已晚。此时，盲鳗已深居在鲨鱼的体内，开始大口吞食鲨鱼的内脏和肌肉，它的食量很大，每小时吞吃的东西相当于自己体重的两倍。一条盲鳗在鲨鱼腹里待7个小时，可以吃进比它自身重量大18倍的鱼肉，有时甚至能将一条鱼吃得只剩下皮肤与骨骼。 盲鳗一边吃，一边排泄，怡然自得。鲨鱼却承受不住了，它痛苦地翻腾着，激起了高高的浪花，却无法摆脱那已深入体内的盲鳗，还有它那锋利的牙齿。盲鳗把鲨鱼从里到外吃个干净， 然后掉头便走。

盲鳗由于经常钻进鲨鱼的体内，很少见到阳光，眼睛已经退化变瞎，这就是它名为盲鳗的原因。盲鳗眼睛虽然瞎了，可它的嗅觉和口边的小须的触觉却进化得异常灵敏，能够察觉鲨鱼体内的一切动静。

为什么说水母是世界上最大的动物？

水母的种类很多，全世界大约有 250 种，直径从 10 厘米到 100 厘米之间，生活在各地的海洋中。人们往往根据它们的伞状体的不同来分类：有的伞状体发银光，叫银水母；有的伞状体像和尚的帽子，就叫僧帽水母；有的伞状体仿佛是船上的白帆，叫帆水母；有的宛如雨伞，叫作雨伞水母；有的伞状体上闪耀着彩霞的光芒，叫作北极霞水母……它们的寿命大多只有几个星期，也有活到一年左右，有些深海的水母可活得更长些。最小的水母全长只有 12 毫米，但最大的水母却是世界上最大的动物。

水母的伞状体下生有许多可以伸缩的触手

最大的水母是分布在大西洋里的北极霞水母，它的伞盖直径可达 2 ~ 5 米，伞盖下缘有 8 组触手，每组有 150 根左右。每根触手伸长可达 40 多米，而且能在一秒钟内收缩到只有原来长度的十分之一。触手上有刺细胞，能翻出刺丝放射毒素。当所有的触手伸展开时，就像布下了一个天罗地网，网罩面积可达 500 平方米，任何凶猛的动物一旦投入罗网，必将束手就擒。1870 年，一只北极霞水母被冲进美国马萨诸塞州海湾，这是一只罕见的大水母，它的伞状体直径为 2.28 米，触手长达 36.5 米。把这个水母的触手拉开，从一条触手尖端到另一条触手的尖端，竟有 74 米长。这样大的水母，可以算是世界上最大的动物了。